U0342379

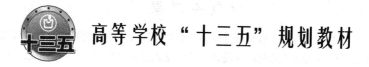

高等学校"十三五"规划教材

包 装 设 计

罗 静 编

北 京

冶金工业出版社

2019

内 容 提 要

本书内容包括现代包装设计概述、包装装潢设计的平面视觉要素、包装设计的流程、包装设计的材料与设计、系列化包装设计与包装的印刷工艺、包装设计方案及应用，并结合相关案例，有针对性地剖析包装设计的设计思路。

本书可作为高等院校和职业院校包装设计专业的教材，也可供包装设计的技术人员和管理人员参考。

图书在版编目（CIP）数据

包装设计／罗静编. —北京：冶金工业出版社，2019.11
高等学校"十三五"规划教材
ISBN 978-7-5024-8369-2

Ⅰ.①包…　Ⅱ.①罗…　Ⅲ.①包装设计—高等学校—
教材　Ⅳ.①TB482

中国版本图书馆 CIP 数据核字（2019）第 300623 号

出 版 人　陈玉千
地　　址　北京市东城区嵩祝院北巷 39 号　邮编　100009　电话　（010）64027926
网　　址　www.cnmip.com.cn　电子信箱　yjcbs@cnmip.com.cn
责任编辑　俞跃春　刘林烨　美术编辑　吕欣童　版式设计　禹　蕊
责任校对　郭惠兰　责任印制　李玉山
ISBN 978-7-5024-8369-2
冶金工业出版社出版发行；各地新华书店经销；北京兰星球彩色印刷有限公司印刷
2019 年 11 月第 1 版，2019 年 11 月第 1 次印刷
787mm×1092mm　1/16；9 印张；215 千字；136 页
38.00 元

冶金工业出版社　投稿电话　（010）64027932　投稿信箱　tougao@cnmip.com.cn
冶金工业出版社营销中心　电话　（010）64044283　传真　（010）64027893
冶金工业出版社天猫旗舰店　yjgycbs.tmall.com
（本书如有印装质量问题，本社营销中心负责退换）

前　言

在通常情况下，包装仅是一种对物质商品进行保护而施加的外在形态包装或装饰，如人之服饰，搭配的好坏直接影响人的形象。包装作为无生命的视觉形态，具有传播的特征。

本书是将包装提升到艺术与实用技术相一致的视角下考量包装与内容物质的平衡。商品的种类成千上万，每种商品的特征和形态各不相同，每种商品的使用功能和对象也都不同。它们有的呈液态、有的呈固态、有的柔软、有的坚硬，但它们都有一个共性——与人的生活息息相关。包装具有公共广告的媒介特征，能够承载文化或者精神；包装也可以说是一种艺术，空间的艺术、形象的艺术、行为的艺术。包装如同缩小的建筑，人在建筑空间中感知尺寸，在建筑外部感知巍峨和崇高。人也同样以手和身体触碰包装，感知包装的尺度和造型，给人以不同的情感享受。

本书编者为江西宜春学院美术与设计学院教师，在编写过程中，参考了相关文献资料及教学资料，在此向有关文献资料及教学资料作品的作者致以最诚挚的谢意！

由于编者水平所限，书中不妥之处，敬请广大读者批评指正。

编　者

2019 年 10 月

目 录

第一章 现代包装设计概述

第一节 认知包装设计

包装设计是一门边缘的学科，涉及材料学、营销学、广告传播学、人体工学、设计美学等多个学科，主要包含包装策划、包装材料设计、包装结构与容器设计、包装装潢设计、包装展示陈列设计等方面，需要全面考虑。但现实中存在一些误区，很多人把包装设计当成广告设计的一部分——平面设计，认为把包装进行美化就是包装设计。事实上，包装设计不是二维的，而是三维的；不是贴图设计，而是接近于工业产品的设计；不仅是视觉传达设计，更是用户体验设计。

以色列史学家尤瓦尔·赫拉利说，科技属阳，解决技术和功能层面的问题；人文属阴，解决精神和意义层面的问题，二者不可失衡。设计也是如此，需要解决功能和意义两个层面的问题。在包装设计上，是否保护产品、是否便利等即功能层面的问题；是否美观、是否环保等即意义层面的问题。评价一个包装设计也需从这两个层面入手，首先得满足包装的基本功能，即"对"的包装；其次在此基础上设计出"美"的包装。虽然现实中有只"对"不"美"的包装，只要商品质量好也能取胜，但难以提升其品牌形象；而只"美"不"对"的包装则注定失败。

一、包装与营销：杜邦定律与"5P 营销"

设计界著名的"杜邦定律"认为，"63%的消费者是根据商品的包装来选购商品的，而不是因为广告"。可见包装设计真是"不说话的推销者"，如图 1-1 所示。

图 1-1　在超市产生购买行为的主要促成因素是包装

即使目前崛起的电商平台，产品的展示也少不了包装，如图 1-2 所示。

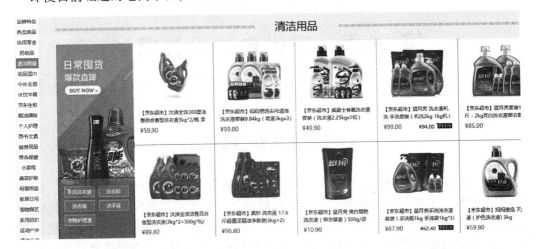

图 1-2　电商平台

从杜邦定律可以看出，在卖场，虽有促销人员，但包装的促销功能不可忽视。我国对包装的定义是"保护产品、方便储运、促进销售"，它道出了包装的三大功能。其中，前两者主要体现在物流过程中，而"促进销售"则主要体现在卖场，即包装传达信息的功能，告诉受众"我是谁，我有什么特点"等信息。

包装设计在现代营销中是重要的一个环节，营销大师麦卡锡在 20 世纪中叶曾提出 4P 理论为 Product（产品）、Price（价格）、Place（渠道）、Promotion（促销）。由于包装在市场营销中的地位越来越重要，因此有人在此基础上又加了一个 P——packaging（包装）。

二、包装与品牌：重塑品牌的关键

20 世纪 70 年代以来，"信息设计"的概念被引入设计领域，商品包装不再局限于满足使用功能和基本信息传播，更是企业形象设计的重要组成部分，传达着企业的视觉形象。

正如马斯洛的"需求层次"理论：随着物质的丰裕和经济的增长，人们对商品的要求也随之提高；在物资匮乏的年代，解决温饱是第一要事，商品极少甚至是计划供应，人们在包装上要求较低或没有要求；温饱问题解决后就对商品质量有了要求，于是诞生了"4P"营销理论，那时流行的理念是"不怕不识货，就怕货比货"，当然对包装的要求也有所提高；当产品质量都差不多、"货比货"没有多少差距，且产品同质化较为严重时，就对品牌有了较高的要求，于是就出现了"品牌形象"等理论，表现在包装上就是比较突出品牌形象。这标志着人们由对物质的需求升级到了精神的需求：好的产品满足物质需求，好的品牌满足精神需求，也有人称之为"生理需求与心理需求"。同样的产品，新包装的价格是老包装的几倍甚至几十倍，原因就在于新包装提高了商品附加值，满足了消费者的心理需求，提升了品牌价值。

在当今经济环境中，只有好的产品是不够的，还需要提供足够的品牌附加值；包装不仅仅要做价值的提供者，更要做价值的传播者与放大者。图 1-3 所示为某企业形象视觉识别（VIS）手册中的一页，包装纳入了其形象识别系统，肩负传播品牌及企业理念的任务。

图1-3 包装是视觉形象系统（VIS）的一部分

三、包装与广告：广告的延伸与达成

营销大师叶茂中曾说过："在碎片化的时代，一切传播都被打了折扣，出色的产品包装才是最有力的传播载体，它不仅是容纳食物的口袋，更是竞争激烈的容器。"

广告是营销手段之一，目前的营销已经从价格营销、质量营销、品牌营销逐步升级到了"整合营销"阶段，再也不是单打独斗的营销，而是通盘布局，牵一发而动全身，集策划、广告、包装、公关于一体，相互配合。而包装属于营销（广告）活动的后一环，比POP（指商业销售中的一种店头促销工具）卖场广告更靠后，就像足球前锋一样，最后的"临门一脚"就是广告活动成败的关键。

在广告专业内的包装设计属于销售包装设计，从广告的角度讲：一方面，包装是经历广告策划、设计、制作、发布后，货架上的终极广告；另一方面，广告离不开媒体，包装也可以看成是与报纸、杂志、广播、电视、网络、手机、户外等广告媒体并驾齐驱的另类媒体，并且是不需要广告主付款购买的一种广告媒体，如图1-4和图1-5所示。

有种说法是"没有包装的产品只能算半成品"，因为产品需包装后才能成为商品。因此，在现实中，许多企业都非常重视包装设计，产品的升级或企业形象的维护与提升往往也打着"全新包装"的旗号，如图1-6所示。

总之，现代包装设计顺应时代巨变，具有全新的功能，所承担的任务已远远超过以前。而且其设计理念紧密联系市场，除了可以起到促销作用外，更是产品的一部分，已经与产品密不可分。

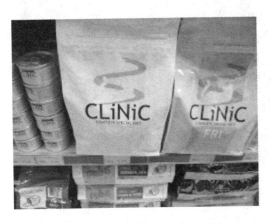

图 1-4　包装是不用购买的广告媒体　　　　图 1-5　陈列式包装加强广告效果

四、与包装设计相关的学科

包装设计是一门边缘学科，涉及多个领域，大体可分为营销、工程和其他几大类，包装设计师需要了解心理学、民俗学、材料学、力学、机械学、商品学、自动化、传播学等多个学科，如图 1-7 所示。

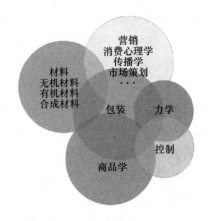

图 1-6　产品新包装上市广告　　　　图 1-7　包装设计是一门边缘学科

前面说过，包装是营销战略的一部分，因此在开发环节，要联系与市场策划、营销心理学、传播学、民俗学等方面，至少设计的包装要能得到消费者认可，不犯禁忌。当然还要熟悉工程技术方面的知识，能根据包装所能承受的力选用合适的材料、制作工艺；能根据具体商品的性能设计结构与容器；能根据商品卖点设计造型与装潢，给人以良好的货架印象及品牌印象；此外，还要熟悉相关法律法规及行业规范等。

第二节　包装概念及设计原则

何谓包装？简单地说，就是给产品"穿衣服"。俗话说，"佛靠金装，人靠衣装"，商品也得靠包装。

"包"即包裹、包扎；"装"即安置、安放。"包装"为名词是指包装商品的物体，为动词则是指对产品的保护措施；狭义的包装仅指包装商品的容器，广义的包装既包含容器，又包含保护措施，各国对包装的定义见表 1-1。

表 1-1　各国对包装的定义

国家	定　义
美国	包装是实现产品运送、流通交易存储与贩卖最佳成本的整体系统的准备工作
英国	包装是从艺术和技术科学上为货物的运输和销售所做的准备工作
加拿大	包装是将产品由供应者送到顾客和消费者而能保持产品于完好状态的工具
日本	包装是追求材料感容器，将一定技术作用于物品，使物品保持某种便于运输存储并维护其商品价值的状态

我国国家标准 GB/T 4122.1—1996 的解释是：在商品流通过程中，为了保护产品、方便储运、促进销售，按一定技术方法而采用的容器、材料、辅助物，以及在此过程中施加一定技术方法等操作活动的总体名称。

其中包含两层含义：（1）名词层面，盛装商品的容器、材料及辅助物，即包装物；（2）动词层面，实施盛装和封缄、包扎等的技术活动。

一、新形势下包装的内涵

自 1996 年国家下定义到现在已经 20 多年，包装的内涵已经发生了变化。我国 20 世纪 90 年代连网络都没有，基本处于"产品为王"的年代，所以那时国家对包装的定义仅凸显"保护产品、方便储运、促进销售" 3 个基本作用。但这 20 多年的变化非常大，相当于以前上百年的变化：首先是 1997 年我国有了第一封电子邮件，标志着进入了网络时代，然后开始电子商务；几年前手机端上网用户超过了 PC 端，加上云计算、大数据、物联网、智能化等技术的兴起及经济的高速发展，包装的内涵与外延已大有不同。

劳特朋的 "4C" 营销理论已经代替麦卡锡的 "4P" 营销理论占据首要地位，即以产品（product）为中心转变为以用户（customer）为中心。随着技术的日益进步，产品同质化现象也日益严重，并且人们生活富裕后已不再满足于物质层面的需求，在保证产品质量的基础上更需要满足人们心理层面的需求。为什么更多人愿意喝 200 多元新包装的青花瓷红星二锅头而非 5 元一瓶的老包装（图 1-8）？其中的一大原因正是因为前者更多的是代表"文化"而不是酒。对于心理需求，产品能提供一些支撑，但更多的是依靠附加值来提供，以包装为载体来体现。除了包装产品外，包装设计还涉及包装品牌或重塑品牌。在成功案例的影响下，过去的一段时间里，刮起过一阵"青花瓷"风，酒包装出现了蓝花瓷、红花瓷等包装，各种设计都加入了青花瓷元素，甚至还影响了流行歌曲；网络语言也出现在零食、饮料等包装上，如图1-9所示。

图1-8 红星二锅头新老包装对比

图1-9 可口可乐昵称瓶包装

所以，包装可以与广告一起传达商品文化，满足人们吃饱穿暖后的精神需求。同时，包装也是品牌形象延伸模式的重要载体，既能提升企业形象，又能增加商品附加值。

另外，网络时代更注重互动性，体现在设计上就是要注重"用户体验"，除了原有的便于携带、便于悬挂展示、便于使用外，还有以下几点需要注意。

第一，站在用户的立场设计，体现更加细致入微的关怀。以前吃罐头要用刀撬，费时费力还不卫生，现在的罐头包装设计了拉环，很容易就打开了。干果卖了那么多年，包装设计主要在注重防潮、促销方面，完全符合国家1996年对包装的定义，但干果电商"三只松鼠"则在此基础上更注重用户体验：收到包裹一般都开箱困难？不怕，有"开箱神器"；干果吃不完会受潮？不怕，有防潮夹；有些坚果很难剥开？不怕，有剥壳器；果壳无处丢？不怕，有垃圾袋；吃完后会脏手？不怕，有湿纸巾；此外，还有试吃装、回执卡及其他辅助品。同时还会附上一封感谢信，称买家为"主人"，让买家感觉很开心。对用户的关怀细致入微，并且包装设计风格也很"萌"，让人觉得很亲切，体现了以用户为中心且把"用户体验"做到极致的主旨，如图1-10所示。电商时代，物流包装需求量大，但商家打包耗时、买家开箱麻烦，"一撕得"拉链纸箱号称"三秒钟快感"，如图1-11所示。无论是商家还是用户都不需要胶带纸或开箱工具，只需3秒钟即可完成封箱或开箱，大大节约了时间，提升了用户体验，改变了快递纸箱不环保、体验差、效率低的现状，适应了时代的发展。

图1-10　卖萌信

图1-11　"一撕得"拉链纸箱

第二，开启仪式感，一般用于高端产品或礼品包装。人们在重要的场合总要有一定的仪式感。现代虽然很多仪式没有或淡化了，但有些场合还是需要有一些仪式的，如升旗、婚庆等。此外，对于表现高端的产品也可以在包装上加入有仪式感的元素。或许有人会问："仪式感到底有什么用？"举个例子，平时吃饭很随便，甚至一碗泡面就可以解决，但年夜饭却要经过很久的准备，并且要在全家人大扫除、祭祖后一起吃，虽然在填饱肚子上没什么不同，后者甚至更烦琐，但境界、意义却完全不一样。要提升商品的附加值，可以在设计包装开启时加入一些仪式感，使人心理上产生一种特别的意义。例如，蜂蜜包装一般都是蜂巢、蜜蜂、花等元素，但"掌生榖粒"的设计师重新诠释了食品包装外观上的细腻感，包装形式和结构传达的是"打开包装仿佛是在进行一场庆祝仪式"，如图1-12和图1-13所示。又如，某果酒以吃水果之前需削皮为创意切入点设计包装，打开之前模拟削果皮的动作，最后才露出常见的瓶贴。有了剥皮的仪式，使得果酒在心理上的味道大大不同，如图1-14所示。当然，最经典的还是苹果手机的包装，苹果手机不仅是智能手机的标杆，在手机包装上也引得同行竞相跟风，在拆包装仪式感方面也可圈可点：同样是天地盖，但一改过去开缺口的做法，变成提着盒盖以适当的阻力慢慢下落，让人产生一种期待，强化"这手机从此属于我了"的特殊时刻，如图 1-15 所示。

图 1-12 掌生穀粒蜂蜜包装

图 1-13 打开掌生穀粒蜂蜜包装的仪式感

图 1-14 某果酒包装

图 1-15 苹果手机包装

第三，有把玩或游戏互动的体验。例如，很多香烟品牌设计了数十种烟盒，有拨开式、拉开式、滑盖式等，让用户在使用产品之余还能与包装产生互动，从而拉近与消费者的距离，强化品牌的辨识度。又如图 1-16 所示的手提袋设计加入了跳绳的元素就特别有游戏感，无论是放下还是提起，跳绳无处不在；图 1-17 所示的药品包装也非常有趣——抠

图 1-16 手提袋提绳设计

图 1-17 助消化药片包装

取药片的过程仿佛是在打猎或打靶。

设计以人为本是大势所趋，所以现在包装的定义可以这样描述：包装是在商品流通过程中，为了保护产品、方便储运、促进销售、塑造品牌，按一定技术方法而采用的容器、材料、辅助物，以及在此过程中施加一定技术方法等操作活动的总体名称。

二、包装设计的目的及原则

在当今商业社会，一个包装需要投入很多资金，但这些都属于投资，要的是数十倍甚至上百倍的回报。因此，包装设计的目的不仅是保护商品，更是传播商业品牌价值、提升用户体验。

国家对商品包装的要求是"科学、经济、牢固、美观、适销"，要适应商品特性，适应运输条件，达到标准化、通用化、系列化。

（1）科学是指包装设计必须首先考虑包装的功能，达到保护产品、提供方便的目的，即前面所说的"对的包装"。

（2）经济则要求包装设计必须做到以最少的财力、物力、人力和时间来获得最大的经济效果。这就要求包装设计有利于机械化的大批量生产；有利于自动化的操作和管理；有利于降低材料消耗和节约能源；有利于提高工作效率；有利于提高产品竞争力。在商品生产、仓储、物流、销售等各个流通环节达到最优化。

（3）牢固要求包装设计能够保护产品，使产品在各种流通环节上不被损坏、污染或遗失。这就要求对被包装物进行科学的分析，采用合理的包装方法和材料，并进行可靠的结构设计，甚至还要进行一些特殊的处理。

（4）美观即前面所说的"美的包装"。包装设计必须在"科学"的基础上，创造出生动、完美、健康、和谐的造型设计与装潢设计，从而激发人们的购买欲望，美化人们的生活，培养人们健康、高尚的审美情趣。

（5）适销即达到扩大销售和产生、创造更多经济价值的目的，这无疑是企业最直接的目的。

设计是"戴着枷锁跳舞"，包装设计也不例外，以上5个要求是密切相关的，不能忽视其中的任何一个。在满足包装设计的科学、牢固要求时，不能忘记包装设计的经济效益和社会效益；在提高包装设计的经济效益时又不能单纯地追求利润，还要考虑到包装对人们的生活所带来的影响，如对环境和对人们心理所造成的影响等；在考虑包装设计的美观时，除了使包装造型和装潢服从包装功能的需要外，还要照顾到人们现有的欣赏水平、习俗、爱好及禁忌色彩。只有五者有机结合，才能设计出既对又美、既经济又适销的包装。

三、包装的类别

现代产品种类繁多，包装形式也多种多样，不同的部门或行业对包装分类的目的和要求都不一样。根据分类标准的不同，常见的商品包装分类方法有以下几种。

（1）按在流通中的作用可分为运输包装与销售包装。运输包装也称物流包装，是用于运输、仓储的包装形式，主要起保护作用，一般体积较大，如集装箱、纸箱、木箱等（图1-18），当然在电商时代的快递包装也属此类。销售包装是指以一个或若干个商品为销售单元摆在货架上的包装，主要起直接保护商品、宣传和促销的作用（图1-19）。

图1-18 集装箱

图1-19 茶叶包装

（2）按包装材料可分为纸制包装、玻璃包装、陶瓷包装、木制包装、金属包装、塑料包装、纤维制品包装、复合材料包装等。

纸制包装是指以纸及纸板为原料制成的包装，由于其成型容易、环保可回收等优点，在包装中占有重要地位（图1-20）。

木制包装是自然材料，富有生命之感，一般用于洋酒包装，因天然木材生长缓慢、资源有限，因此需要有计划地使用（图1-21）。

图1-20 纸制包装

图1-21 木制包装

塑料包装的经济优势和环保劣势冲突明显，甚至"禁塑令"都无法执行，最后只得废除，这难题不是设计师能解决的，只能由科学家、消费者、生产商、设计师共同提高环保意识，限量使用（图1-22）。

金属包装主要是指由白铁皮、黑铁皮、马口铁、铝合金等制成的各种包装，如金属盒、金属罐、金属瓶等（图1-23）。

玻璃包装的主要化学成分是硅酸盐，由于其化学稳定性好，比较适合液体包装（图1-24）。陶瓷是陶器和瓷器的总称，由黏土烧制而成，属于自然环保材料，适合传达具有生命感、历史感的产品（图1-25）。

纤维包装是指用棉麻丝毛等纺织而成的包装，主要以袋子的形式出现（图1-26）。而复合材料包装是指由两种以上的材料通过涂料、裱贴黏合而成的包装（图1-27）。

图 1-22　塑料包装

图 1-23　金属包装

图 1-24　玻璃包装

图 1-25　陶瓷包装

图 1-26　纤维包装

图 1-27　复合材料包装

（3）按商品流通的功能可分为大包装、中包装、个包装。大包装即运输包装或外包装，设计时注明产品名称、规格、数量、出厂日期等，再加上必要符号和文字（如小心轻放、请勿倒置、堆码层数、防潮、有毒、防火等）即可，如一件香烟的包装；中包装又称批发包装，这种包装的目的是将产品予以整理，如一条香烟的包装；个包装又称小包装或内包装，方便陈列和携带，如一盒香烟的包装。

（4）按包装容器的形状可分为箱、桶、袋、包、筐、捆、坛、罐、缸、瓶等。

（5）按包装货物的种类可分为食品（图1-28）、医药（图1-29）、轻工产品、针棉织品、家用电器、机电产品和果菜类包装等。

图 1-28 食品包装   图 1-29 药品包装

（6）按销售市场可分为内销商品包装和外销商品包装，需根据销售区域设计符合国情的包装。需要注意的是，包装上是中文的不一定是国产商品，包装上一个中文都没有的也不一定就是进口商品，因为那是根据销售区域设计的包装，看出产地一定要看包装上的条形码，具体查看方法会在第2章进行介绍。

（7）根据包装风格可分为怀旧包装、传统包装、情趣包装和卡通包装等。

第三节　包装的发展历程及趋势

其实在人工包装之前就有很多天然包装，如豌豆荚与豌豆、花生壳与花生（图1-30和图1-31），均起到了保护与美化功能，达到了"最好的包装就是没有包装"的包装设计最高境界。这里说的"没有包装"是指一眼分辨不出包装与产品，包装与产品几乎融为一体、不可分割，并且环保、适量、符合需求。因此，包装设计师需要师法自然，多从自然包装中悟出包装设计的真谛（图1-32、图1-33）。

随着生产力的提高、科学技术的进步和文化艺术的发展，人工包装经历了漫长的演变过程。从包装的演变过程中，能清晰地看出人类文明发展的足迹。包装设计作为人类文明的一种文化形态，了解它的发展与演变，对今天的包装设计工作具有非常现实的意义。下面归纳了包装设计的几个不同发展阶段。

图1-30　天然包装1

图1-31　天然包装2

图1-32　仿生包装1

图1-33　仿生包装2

一、天然包装材料

在原始社会，人们运用智慧，因地制宜，从自然环境中发现了许多天然包装材料，如木、藤、草、叶、竹、茎、壳、皮、毛等。运用这些天然材料，会给人一种自然朴实的感觉。例如，至今犹存的竹筒饭、粽子、叶儿粑等，都是用天然材料包装，做出的食品既好吃又方便储存（图1-34、图1-35）。虽然这一阶段的包装还称不上真正意义上的包装，但已经是包装的萌芽了。

图1-34　竹筒饭

图1-35　粽子

通过对天然材料进行加工，渐渐发展出了形式与功能相结合的包装形式，如竹编、藤编、锦盒等（图1-36、图1-37）。古人通过掌握天然材料的特性将之合理、科学地应用于包装设计中，对于今天的包装设计具有很大的启迪和借鉴作用。

图1-36 竹编包装

图1-37 锦盒

二、追求美感的包装容器

容器虽不是真正意义上的包装，但它具备了包装的一些基本功能，如保护产品、方便储运等。而且容器的发展历史相当悠久，它对包装的产生也起到了推动作用。常用的容器主要有陶器、青铜器、漆器、瓷器等。

（1）陶器。原始社会后期，生产力发展，于是出现了陶器（图1-38），与天然材料相比，陶器的防虫、防腐功能及耐用性都大大提升，并且随后在人们对原始图腾的崇拜心理下被装饰得越来越美观，充分反映了古代人类对造型语言和形式美的追求与探索（图1-39）。由于陶器成本低、可塑性强及造型精美，因此也是现代包装行业中一种十分常见且重要的包装材料，被广泛运用于酒类、食品及化工行业。

图1-38 马桥文化陶罐

图1-39 半坡文化人面网纹盆

（2）青铜器。早在商代的时候，青铜器就已在贵族中普遍使用。青铜器的造型与用途丰富多样，作为容器的就有烹饪器、食器、酒器、水器等（图1-40、图1-41）。青铜器的创造体现了古代人对制造工艺和装饰美学法则的掌握。三条足的鼎，形成了极强的稳定感；觚的修长而富有节奏感的造型，像一枝含苞待放的花朵。在装饰上除平面纹样外，还出现了很多立体雕塑装饰，如把盖的纽做成鸟形、把觥的盖做成双角兽形等，大大丰富了青铜器的造型。

图 1-40　簋（食器）

图 1-41　匜（水器）

（3）漆器。早在河姆渡时期就出现了漆器，商周时代的漆器工艺已经具有了相当高的水平，到汉晋时代，漆器更是绚丽无比（图 1-42），现代一般有化妆盒、食品盒等（图 1-43）。由于漆器造价高昂，一般人用不起，因此瓷器出现之后，漆器就慢慢地退居二线了，但在日本却得到了长足发展，甚至以漆器的英文单词"Japan"作为日本的英文名。另外，它对欧洲文化也产生了影响，如现代设计大师让·杜南的作品就受到了它的影响。

图 1-42　汉代漆器耳杯

图 1-43　现代漆盒

（4）瓷器。英文中以瓷器单词"China"作为中国的英文名，足见在外国人眼中瓷器是中国最具代表性的工艺品。瓷器因其造价低、隔热保温效果好，逐渐成为中国容器领域的主角。在中国的历史发展中，应用面之广、历史之悠久、影响力之大都是其他种类的容器无可比拟的（图 1-44）。直至今日，瓷器除了作为工艺品、日用品外，还是一种常用的具有民族传统风格的包装形式，如白酒、中药的包装等（图 1-45）。

此外，石器、金银器、玉器、木器、琉璃等都曾作为容器使用。不同的文明会存在相似的经历，但都有其独特的一面。例如，古埃及人最早熔铸或吹制玻璃器皿；古希腊人非常擅长使用石材；古代欧洲有广袤的森林，很擅长使用木材，很早就用木板箍桶来酿酒。

三、包装促销功能的体现

有了劳动产品的剩余，就有了商业交换活动。商业的发展带来了竞争，商人们为了维护自家产品的信誉而促成了商标和包装的出现和发展。"买椟还珠"的故事从侧面说明了当时商人对包装的重视，以及当时的包装设计对消费者的吸引力。

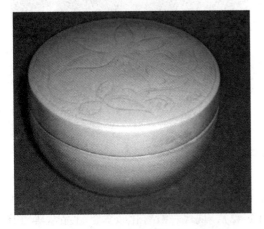

图 1-44　定窑瓷盒

图 1-45　瓷器包装

　　但真正推动包装促销功能的则是造纸术和印刷术的出现。纸出现后，逐渐替代了以往成本昂贵的绢、锦等包装材料，被广泛运用到食品、药品、盐等物品的包装中，某些包装方法更是沿用至今（图1-46）。另外，人们在造纸技艺上不断改进，如造纸时加上红色染料，制成象征吉祥喜庆的红色包装纸；加上蜡则制成有防油、防潮功能的包装纸等（图1-47）。

图 1-46　茶饼包装

图 1-47　糕点包装

　　印刷术也被运用到了包装设计中，比如在包装纸上印上商号、宣传语和吉祥图案已相当普遍。我国现存最早的印刷品包装资料是北宋时期山东济南刘家针铺的包装纸（图1-48），其图形鲜明、文字简洁易记，已经具备了现代包装的基本功能，尤其是体现出了明确的促销功能。另外，这一时期的包装已采用了透气、防潮等技术，从造型上看，已具有对称均衡、变化统一等美学规律。

四、包装产业化的形成

虽然印刷术促进了包装的促销功能，但之后的几百年都没有大的进展，直到英国工业革命之后，包装才又一次迎来改革。工业革命出现了火车、轮船等交通工具，使商品流通的范围扩大到全世界。在这种情形下，包装必须形成产业化才能满足流通的需要及适应销售方式的日渐变化。

瓦楞纸重量轻、成本低，具有良好的保护性，不仅成型简便，而且可折叠，仓储运输成本都很低，颠覆了木箱的霸主地位（图1-49）。并且从那时起，机器化的大生产逐步取代了手工作坊，包装机械的应用使包装更加标准化和规范化，各国还相继制定了包装工业标准，以便于包装在生产

图1-48　刘家针铺包装纸

流通的各环节中的操作。现在的包装产业在各工业化国家中已发展成为集包装材料、包装机械、包装生产和包装设计为一体的包装产业。

新材料、新技术与新理念不断推动营销与包装的发展。近200年来，继天然材料、陶瓷、纸张后，又出现了金属、玻璃、塑料、玻璃纸等包装材料（图1-50），这一时期的包

图1-49　瓦楞纸箱

图1-50　可口可乐包装的演进过程

装更注重视觉美感，涌现了丰富的设计表现形式。第二次世界大战前，美国出现了超市，转变了销售模式，由人工推销转为货架推销，顾客只能从包装上获取信息，包装成了"无声的推销员"，越来越影响人们的购买决策，这就更刺激了包装产业的发展。再后来，企业形象或品牌形象营销理念兴起，包装更是肩负着展示企业形象、宣传品牌价值的任务，这个时期出现了包装的系列化设计，在设计中既要保证视觉形象的统一性，同时又要保持一定的变化空间（图1-51）。当前，随着网络的发展，用户体验设计日益突出，如前所述，在包装中也需要更加突出用户体验。如图1-52所示的药水包装，采用转向喷头设计，既避免了传统药水用棉签涂药的麻烦，也避免了一般喷头喷不准位置的弊端，用户体

验做得相当好。

目前在美国，包装业已成为第三大产业，在国民经济中所占的比重逐年增加，我国也必然会由包装大国逐渐成为包装强国。

图 1-51　系列包装

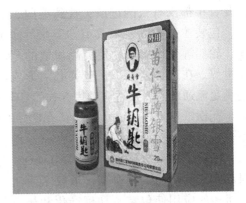

图 1-52　提升用户体验的药水包装

五、未来包装的趋势

随着科技的快速发展，市场竞争日益激烈，经济与资源矛盾日益突出，全球化与地域化之争从未停止，包装产业未来将何去何从？目前发展包装、保护环境、促进包装行业可持续发展、促进人与自然生态环境的和谐，已成为人类共同面临的问题，要解决这些问题，应该从以下几方面做起。

一是个性化设计。全球化不等于抹杀个性，若全球的包装都一个模样，那将是多么乏味的事！现代建筑就曾造成全球建筑一个样的后果，所以必须保持设计的地域特色，体现一个民族的个性设计文化。费孝通的"各美其美，美人之美，美美与共，天下大同"这一处理不同文化关系的十六字箴言同样适用于包装设计。日本很多包装设计就充分运用了现代的包装材料与技术，同时加入了民族符号和大量的书法，地域特色很浓厚（图 1-53）。当然，每个企业或品牌的包装不仅要避免同质化，而且要凸显个性化、差异化（图 1-54）。甚至对于每个人的需求都要考虑，当下流行私人定制设计，其实也是满足个性化设计需求的体现。

图 1-53　地域化包装

图 1-54　个性化包装

　　二是人性化设计。设计以人为主体，围绕着人们的思想、情绪、个性及对功能的需求重新审视、重新构造、重新定义，使其更具有人性化意义。前面提到的"用户体验"设计其实就是人性化设计，对于消费者来说，人性化包装显得更为友好、亲切（图1-55）。

图1-55　人性化包装

　　三是保护环境的绿色设计。自20世纪六七十年代起，人们就意识到现代生产方式严重地消耗了自然资源，造成污染与浪费，并且千篇一律，缺乏地域性和民族性。在绿色设计上，包装行业内掀起了"3R1D设计"的潮流，即"reduce""reuse""recycle"和"degradable"四大标准。reduce（轻量包装）要求杜绝过度包装与过分包装。例如，国家现在已通过政策对月饼包装的各个方面进行规范，既限制了天价月饼，又节约了资源。又如，康师傅矿泉水也将塑料瓶厚度降低，尽量减少了污染（图1-56）。在reuse（包装容器回收再利用）方面，啤酒和酸奶包装做得较好，可以大大节约资源。recycle（包装材料的循环再利用）要求循环利用资源，如回收废纸可生产出再生纸。degradable（使用可降解材料）也是一种有效的环保方式，因为白色污染无法降解，所以在设计包装时要尽量考虑使用可降解材料。

　　四是电子商务的包装设计。人们越来越习惯网上购物，针对电子商务设计销售包装必将成为21世纪设计师们的新课题。电子商务带动物流，物流包装也带来很多问题，如资源消耗与污染严重、封装及拆包不便、运输过程中的物品损坏等，在包装材料、技术成本和销售包装方面都需要进一步提升。

　　五是防伪包装的设计。"山寨"已在我国形成气候，特别是某些小城市更是仿制名牌成风，如何防伪已成为现代包装产业的一大难题。包装设计创新与融合高科技成果的印刷技术相结合，将是未来包装发展的又一方向。

　　六是智能包装的设计。智能包装主要指通过云计算、移动互联网、物联网等技术，实现在产品包装上使用二维码、AR增强现实（图像识别）、隐形水印、数字水印、点阵技术、RFID电子标签等对产品的信息进行采集，进而构建智慧物联大数据平台，实现产品防伪、追溯、移动营销、品牌宣传等功能。人工智能在包装行业主要体现在三个方面：一方面是智能机器人代替人工，当今很多低技能的生产工人已经被机器人替代，未来必将淘汰更多的工人，传统包装生产厂的大量工人也必将被机器人淘汰，甚至快递员也将被无人机替代；第二方面是智能化包装材料，如通过包装的颜色可以看到食品品质信息；第三方面是"无人超市"的实现大都与智能包装有关（图1-57）。

图 1-56 轻量包装

图 1-57 无人超市

第四节 包装的功能

包装几乎伴随了商品从生产到使用的全过程。在从厂家运送到卖场的过程中，包装的主要作用是保证商品安全，即前面讲的运输包装，主要体现其保护功能；然后在购买过程中，包装的主要功能是传递信息、促进销售，主要体现其商业功能；到达用户手中时，包装需方便携带、方便使用，能提供给用户良好的使用体验。包装已成为产品的一个重要组成部分，在产品中具有重要的功能，具体可归纳为以下五种。

一、物理功能

物理功能即包装的保护功能，是包装中最基本的功能，无论在商品流通的任何阶段都需要重视。保护功能不仅可以在运输过程中保护商品，不易造成质量和数量上的损失，如包装的防震、防潮、防盗、防霉、防虫等功能；而且可以给企业带来效益，并给消费者带来安全感。例如，玻璃杯是易碎品，图 1-58 所示的缓冲包装就能防震，防止玻璃杯在运输仓储的过程中被损坏；又如，有些食品怕氧化变质，于是用真空包装，如图 1-59 所示。

图 1-58 缓冲包装

图 1-59 真空包装

二、生理功能

科学的包装既利于使用，又能提升用户体验，应符合方便携带、方便开启、方便使用、方便搬运、方便陈列销售等条件。例如，图1-60所示的速食紫菜汤包装，将调料包和油包一体化设计，既节省了材料又节省了使用者的时间，而且边缘锯齿设计非常容易撕开。又如，图1-61所示的口香糖包装将盖子与瓶子连在一起，不仅杜绝了丢失盖子的可能，而且更加卫生：开瓶只需拇指一拨，关盖只需拇指一压即可。

图1-60　速食紫菜包装

图1-61　口香糖包装

三、心理功能

人在吃饱喝足后就有精神上的需求，包装除了有物质方面的功能外，还有精神方面的功能，如审美功能、联想功能和象征功能等是现代社会对包装功能的一种提升，可用包装的形态、色彩、材质等来表现。例如，在食品包装上，大多数人看到红色就想到辣味，看到棕色就想到咖啡味。又如，图1-62所示的牛皮纸和绳子，加上手写体文字，就容易使人联想到生态产品。需要强调的是，品牌的魔力也是一种心理功能，当一个品牌成功后，消费者就会有"这个品牌下的所有产品都值得信赖"的心理，正如叶茂中所说："若一个人在这棵树上摘下一个果子是甜的，他就相信这个树上的果子都是甜的。"加多宝在人们印象中是红罐包装，与王老吉争斗几次后不得已改为金罐，但会让很多人感觉不是原来的味道；红牛在人们心目中就应该是金罐，曾推出过蓝色包装，结果铩羽而归（图1-63）。所以新包装是有风险的，虽然有成功案例，但更多的是失败案例，不要轻易地认为新包装必定就是受欢迎的，包装的心理功能不可小觑。

四、商业功能

在卖场里，琳琅满目的产品都有包装，有的以透明包装展示自己的妩媚，挑逗消费者的视觉神经；有的半遮半掩，让消费者产生一种想一探究竟的欲望（图1-64）；要么采用加量不加价、节日特惠、买一赠一等方式（图1-65），让消费者自甘加入"剁手党"；还有的将电视里的一些卡通形象用在包装上，让小孩非买不可……

好的包装提高了商品的整体形象，可以直接刺激消费者的购买欲望，使其产生购买行为，同时还起到了宣传的效果，力求使商品取得最大经济效益。

图1-62　有机米包装

图1-63　红牛新老包装

图1-64　2009 Pentawards 金奖：耳塞包装

图1-65　促销包装

五、社会功能

　　包装的社会功能主要体现在低碳节能、文化传递等方面。资源是有限的，成本是需要控制的，设计包装时需要参照前面说的"3R1D"原则，从各个方面节约资源、减少污染。优秀的包装能将物质文化及非物质文化融入进去，以包装为载体传达给社会，不但塑造了良好的品牌形象，更增加了商品的文化价值，提升了商品的附加值。在礼品包装上，文化传递功能更加突出（图1-66），也就是前面所说的消费的是文化而非商品本身，如舍得酒、江小白、青花瓷二锅头包装等。另外，有些知名公司（如可口可乐、依云矿泉水等）还会每年花重金请知名设计师设计纪念版包装，引得很多人竞相收藏（图1-67）。

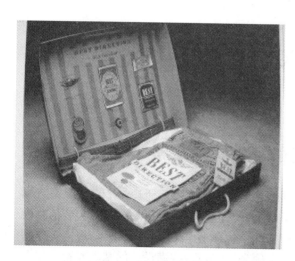

图 1-66　牛仔裤包装

图 1-67　依云霓裳纪念版包装

第二章　包装装潢设计的平面视觉要素

第一节　包装装潢设计的基本要素

　　包装装潢设计可以看作一个鲜活的广告媒体，但包装毕竟不等于广告。广告文案有标题、正文、广告语和附文，可以缺一两样甚至是全部，但包装则不可。国家对包装信息内容有强制规定，如商标、厂址、经销商、生产标准、各种编码批号、原材料、规格、作用功效、认证标识、生产日期、保质期等，所以必须先了解包装装潢设计的基本元素，如图2-1所示。

图 2-1　包装装潢的基本元素

　　（1）商品名称。商品本身在包装上的名称无疑是最基本的元素，一般都用醒目的字体、字号和颜色标出。

　　（2）包装形象。展现在包装画面上的商品形象或其他形象，是吸引消费者注意力的一个重要元素，需要精心拍摄或设计。

　　（3）商品商标。生产厂商的专有标志，既是品牌的载体，也是品牌的主要视觉符号。注册的商标受国家法律保护，注册标记包括（注外加○）和（®）。使用时，应当标注在商标的右上角或者右下角。

　　（4）商品说明，包括商品性能和商品特色。前者是指在包装上要注明的商品性质与功能、使用方法、注意事项及有效期限等；后者表明该商品在同类产品中独具的特点。良好的商品说明有助于商品的销售。

　　（5）商品规格。商品的规格、尺寸使用国家和国际通用的标准单位或专业术语来标明，包括赠品都得标明规格。

　　（6）商品厂名。商品厂名包括生产厂名、生产地址和联系方式，一般有电话，现在甚至可以通过扫描二维码进入公司网站、微信公众号、微博等。

（7）商品条码。商品条码被誉为"商品身份证"，是与国际接轨的必要措施，商品可以同名，但条码是唯一的。商品条码在包装上是为争取时效与正确管理商品的快速识别系统，条码所标示的内容包含商品的产地、厂商、日期及产品属性等。我国一般用 EAN-13 条形码，由国家或地区代码、制造厂商代码、商品代码和校验码组成，如图 2-2 所示。其中，前面两位表示国家或地区，如 690-692 代表中国大陆，00-09 代表美国、加拿大，450-459 和 490-499 代表日本，30-37 代表法国，400-440 代表德国等。需注意的是，20-29 是卖场自编码号段。当物品实在太小时，可以用 EAN-8 条形码，如口香糖。另外，条码与背景颜色需对比度比较大才能识别，因此忌用相近色，如蓝与黑、黄与白、红与蓝等。

图 2-2　EAN-13 商品条形码

第二节　包装的色彩设计

俗话说，远看颜色近看花。有人做过实验，在 1s 内 85% 的信息由色彩传达，3s 内 60% 的信息由色彩传达，5s 后 50% 的信息由色彩传达，所以最快捕获的信息非色彩莫属。例如，与一个人擦肩而过，若问他穿什么颜色的衣服，大多数人都能回答；若问衣服上有什么花纹或有几条花纹，则极少有人答得出来——包装设计也是如此。

一、根据商品属性用色

有些产品在消费者印象中有着根深蒂固的印象色，一看色彩即知包装中为何物，如咖啡是褐色的、橙汁是橙色的、番茄酱是红色的等。所以在设计中要遵循这种规律，如绿茶饮料最好用绿色，慎用红色（图 2-3）。有些包装的颜色直接在产品中提取，然后稍作加工，让人一目了然；很多系列包装就是根据印象色来做的，虽然版式一样，但色彩不同，犹如一母所生的兄弟姐妹（图 2-4）。

图 2-3　对于有印象色的产品包装
尽量用印象色

图 2-4　系列包装用色

二、根据企业形象或营销策略用色

有些产品没有概念色，如无色水、科技产品等，此时就可以运用企业视觉形象识别系统的颜色，甚至将其运用于整个企业的产品中，使其具有统一的色彩，突出企业形象，提升品牌知名度（图2-5）。例如，共享单车有的用红色，有的用黄色，有的用蓝色，有的用绿色，久而久之，看到颜色就知道是哪种单车。又如，矿泉水有的用红色，有的用绿色，有的用蓝色，久而久之，就在消费者心目中形成了企业形象色。

图 2-5 没有印象色的产品可以用 VI 色

三、根据色彩的情感象征用色

色彩本是不同波长的光线对视觉的作用结果，就像嵇康对音乐的理解一样：音乐"本无哀乐"，是一种客观存在，但听音乐的人感觉音乐有哀乐，其实是音乐作用于心理的主观感受，只是因不同年龄、性别、经历、民族与环境而有所差别。色彩无疑也同音乐一样，能调动人的情绪。所以，在包装设计中要充分研究色彩的情感表现规律，以反映商品属性，适应消费者心理，满足目标市场的需要。色彩的一般规律见表2-1。

表 2-1 色彩的情感象征

名称	色彩属性	情感象征及传达的信息
红色	波长最长	火热、活力、喜庆、危险，刺激食欲与购买欲（图2-6）
蓝色	冷静、理性	平静、广阔、清爽、冰凉、洁净、高科技、未来
黄色	亮度最高	温暖、轻快、光明、豪华、高贵、超然、丰收、怀旧
橙色	居于红黄之间	热情、明朗、温暖、欢快、活力、富足、幸福、食欲
绿色	波长居中	生长、生态、舒适、希望、青春、新鲜、清新、和平
紫色	波长最短	高贵、深奥、神秘、富贵、优雅、恐惧、孤独
黑色	明度最低	沉重、悲哀、绝望、尊贵、高雅、工业、坚硬、男性
白色	明度最高	卫生、朴素、高尚、清爽、畅快、明亮、纯净
灰色	无个性、安静	中庸、朴实、平凡、雅致、科技、最佳配色
金银色	光泽色	高贵、华丽、财富、光彩
纯色调	纯度高	健康积极、开放热情、活力四射
明色调	纯色加入少许的白色	清爽、明亮、清淡
浅色调	纯色加入较多的白色	柔软舒适、温和不刺激
淡色调	接近白色	整洁、清新
深色调	纯色中加入灰色	素雅、冷静、成熟、稳重、怀旧
暗色调	纯色中加入黑色	神秘、庄重、男性的力量和热情、传统而又古典
暗灰色调	接近黑色	高格调、豪华、高级、神秘、幻想

图 2-6　红色给人喜庆之感

四、根据目标销售地区或目标销售群体的习惯用色

不同的性别、年龄、地域、民族、风俗、宗教等，其消费群体对颜色的理解也有所不同。例如，红色在我国代表喜庆，但在有些国家代表死亡；我国在葬礼上用白色，而欧美国家则是在婚礼上用白色等。我国是多民族国家，各个民族对颜色的喜好也不尽相同。例如，蒙古族忌黑白，满族忌白色，而藏族以白色为尊；汉族喜黄色，而维吾尔族忌黄色等。男士多喜黑色、银色、深蓝色、深棕色等，女性则大多爱好粉色、玫瑰色、红色、浅紫色，儿童大多喜欢高纯度、高明度的颜色，所以设计包装时需根据实际情况选择颜色。

五、注意陈列效果

商品包装不仅要考虑凸显单个包装的吸引力，更要注意商品陈列在货架上的效果。好的包装既能使单个包装有良好的货架印象，又能在批量陈列时形成新的视觉感受，在同类商品中脱颖而出。在图 2-7 所示的货架上有八九种饮料包装，主色都是黄色，摆在一起就在色彩上同质化了，容易让消费者形成"视而不见"的盲点。所以在设计包装的主色时，一定要调研同类产品的颜色，另辟蹊径、出奇制胜，比如两大可乐的用色就做到了这点。

图 2-7　饮料区的陈列货架

六、把握流行色趋势

为了确保包装设计的色彩符合潮流，就必须在了解流行色的同时考虑商品的属性及其生命周期。如图 2-8 所示，这位设计师设计的 2018 年食品包装就把握了流行色趋势。

图 2-8　根据 2018 年流行色设计的食品包装

第三节　包装的文字设计

在所有设计语言中，文字无疑是传达信息最明确、最全面的方式，但在物品丰富、信息量庞大的时代，文字必须经过设计才能加强传播效果、提高装饰效果、加深消费者印象，同时还能保证消费者准确地认识与理解。根据性质和功能，包装设计的文字可分为品牌类文字、广告类文字、说明类文字、附文等。

一、品牌类文字

品牌类文字包括品牌名称、商品名称、企业标识等，这些都是代表品牌形象的文字，大都是安排在主要展示面上，需精心设计，使其有独特的认知感。

一般来说，品牌及企业标识都是已定的，在包装设计中大多只是设计商品名称。品牌类文字设计空间大，在可识别的前提下，根据商品特性，一般可用书法体、美术体或印刷体来设计。

书法体由手工书写而成，每个人写的都不会一样，在机器化、智能化、工业化、批量化生产的年代，给人以人情味、原生态、传统文化的感觉，如图 2-9 所示。并且不同的书法体传达了不同的调性，如篆书高雅、楷书朴实大方、隶书端庄、行书飘逸、草书奔放等。书法体笔画间追求无穷的变化，具有强烈的艺术感染力、鲜明的民族特色及独到的个性，且字迹多出自社会名流之手，具有名人效应，受到人们的广泛喜爱。

美术体是经过设计的字体，可分为规则美术字和变体美术字两种。前者作为美术体的主流，强调外形的规整、点画变化统一，具有便于阅读、便于设计的特点，但较呆板；后者通常非单字，是为一个主题而设计的，强调自由变形，无论是从点画处理还是从字体外形处理，均追求不规则的变化，非常适合表现品牌或产品的调性、独特性，如图2-10所示。

图2-9　书法体

图2-10　美术体

印刷体规范、整齐，科技感强，大体可分为饰线体（如宋体、罗马体）和无饰线体（如黑体、圆体）两大类。前者端庄典雅，后者简约现代，一般用于说明类文字，也可用于品牌类文字，尤其是药品包装，如图2-11所示。

以上只是对文字设计的大致分析，在实际设计中往往灵活运用，甚至几种字体混合使用，以达到一种对比强烈的效果，如图2-12所示。但需注意，易识别是第一位的，尽量少用识别性差的字体，如美术字或异体字，否则传播效果将大打折扣。

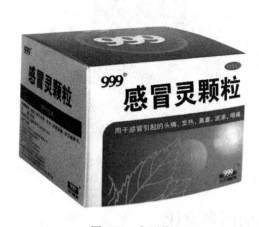

图2-11　印刷体

图2-12　混合字体

二、广告类文字

广告类文字即包装上的广告语，是进行商品特色或差异性宣传的口号，一般安排在包装主要展示面上，但要注意主次。

一般来说，广告类文字的视觉强度不要超过品牌类文字，以免喧宾夺主，如图 2-13 所示。

三、说明性文字

说明性文字是对商品进行深入的介绍和描述，能使消费者进一步了解商品特性和使用过程，主要包括产品故事、产品用途、功效、成分、使用方法、规格、保质期等。

这类文字通常采用可读性强的印刷体，在不影响阅读的情况下，字号宜小不宜大，一般安排于包装的侧面或背面，位于包装展示的次要位置，也可专门印成说明书装于包装内。

四、附文

附文通常包括厂名、生产厂址、电话、网址、生产日期等。

需要注意的是，生产日期不是印刷上去的，因为包装与产品的生产难以同步，一般都是封装后打码上去的，所以在设计时需注意留足打码位置（图 2-14），否则会影响正文与生产日期的可读性。

总之，包装中的文字需准确、易识别、有主次、有整体性，在此基础上可将文字图形化，反映商品的特色，形成良好的货架印象。

图 2-13　广告语文字一般仅小于品牌类文字　　　　图 2-14　设计包装时需留足打码位置

第四节　包装的图形设计

图形是人类最早记录信息和交流信息的手段，文字即缘于图形。人类对图形有本能的认知力，并且是跨越文字语言的。文字虽然传递信息相对明确，但需要在头脑中转换一次，而图形则省去了转换这一过程，所以更直接快速，这就是导视图、交通标志等很少使用文字的原因。在信息爆炸的时代，海量信息让人难以静下来研读抽象的文字，甚至文字都需要图形化，所以包装设计也要顺应这一形势，用好直观、生动的图形语言，引导消费者的购买行为。

包装上的图形丰富多样，既可通过摄影、手工绘制制作，也可电脑绘制处理，还可运用具象与抽象的手法，归纳起来有标志图形、主体图形和装饰图形三类（图2-15）。

图2-15　包装图形类别

一、标志即符号、记号

标志即符号、记号是一种大众传播符号，包装上的标志图形包括商标、认证标志及其他，是商品身份的象征和品质保证，是企业无形资产的载体，是消费者认知品牌的重要依据，是包装设计不可或缺的一部分，甚至有些知名品牌就以其商标作为包装的主要装饰图形。

商标是企业的"代言人"，代表商品质量与水平，是消费者识别商品的重要途径，但需要注意，企业标志不等于商品标志。质量认证标志是行业组织对商品的认证，如绿色食品、绿色环保、有机食品、清真食品等，一般位于次要位置。另外，工业包装上还有一些引起注意和警示的标志，如小心轻放、请勿倒置、防潮、防晒、请勿乱扔垃圾等。

二、主体图形

主体图形占据展示面的主要位置，有丰富多样的图形，如产品形象、原材料形象、产品使用者形象等。

产品实物形象是包装图形设计中最常用的手法，大多采用摄影、写实插画的形式表达商品的外形、色彩、材料，甚至直接开窗展示，以增加消费者的信任感，如图2-16和图2-17所示。

图 2-16 高清摄影实物照片

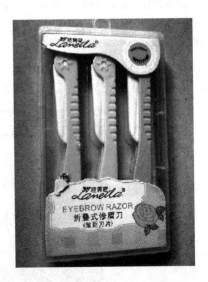

图 2-17 开窗式展示实物

展示产地形象也是常用的设计手法，尤其对于地方特产或旅游纪念品，产地属性会让产品"血统纯正"。当然大多是以文字描述地名，也有以地标风景或地方风土人情作为主图形的，使包装具有浓郁的地方特色，如图 2-18 所示。

消费者往往只看得到产品而看不到原材料，在包装上展示原材料有助于消费者了解产品特性，引起其购买欲望，如图 2-19 所示。

图 2-18 产地风土人情图片

图 2-19 产品原材料图片

在包装设计中，采用使用场景的图片能与消费者产生共鸣，这也是化妆品或保健品常使用的招数，如图 2-20 所示。有时以产品形象代言人使用产品的照片作为主体图形，利用明星效应，符合消费者追星的心理。

　　有些商品缺少明确的形象，需要用象征、比喻、拟人等手法来表达，间接反映商品形象，如图 2-21 所示。

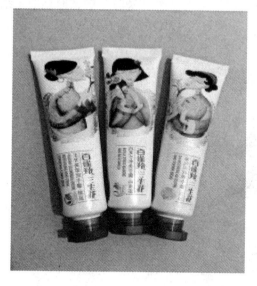

图 2-20　图片使人直观地了解受众范围

图 2-21　使用象征图片作为主图

　　有些商品的使用说明用文字难以描述，需要用图解来说明。说明一般在包装的侧面、背面等位置，有的甚至是附在包装里面的，如图 2-22 所示。

三、装饰图形

　　装饰图形起到辅助装饰主体形象的作用，利用点线面等几何形体、图案纹样或肌理效果丰富构图，如传统商品用传统图案、吉祥纹样，土特产用民间图样，高科技产品用抽象图形等（图 2-23）。

图 2-22　使用说明图片

图 2-23　使用装饰图形作为底图

四、插画

值得一提的是，现在看绘本成长起来的新一代年轻人喜欢"呆萌"的、原创的手绘插画风格。事实上，采用手绘插画风格的包装大多都取得了成功，如三只松鼠、江小白、农夫山泉等（图2-24）。

图 2-24　手绘包装插画

在销售中，包装其实起到了广告的作用，尤其是终端广告，所以在设计时要准确传达信息，具备鲜明独特的视觉效果，既要注意与文字色彩的和谐统一，还要注意目标销售区域的禁忌。

第五节　包装的版式设计

版式设计是指将文字、图片、色彩等元素按一定章法进行排列组合，以达到传递信息、满足审美需求的目的。虽有好的文案、好的图片，也找准了色彩，但若没有恰当的版式设计，视觉元素之间没有协调配合，视觉传达的准确性和表现力将会大打折扣。在设计时首先要把握商品需传达的调性，厘清信息的主次；然后初步确定版面结构，选择适宜的字体、字号，灵活运用色彩图形；最后调整一下版面，突出重点信息，吸引并引导消费者注意相关信息。

一、包装版式设计原则

（1）清晰易读。建筑设计大师路易·沙利文说过"形式追随功能"，现代设计的特征之一就是功能第一，包装设计的物理功能无疑是第一的；在包装装潢设计上，清晰传递信息无疑是首要的。若设计如狂草一般好看不好读，或许是好的艺术，但一定不是好的设计。"60与3法则"即在60cm外的距离与3s内的时间里吸引人的注意力，并且还得让人看清包装装潢的主要信息才行（图2-25）。

（2）真实准确。一千个人看了有一千种结论，这是好的艺术作品；一千个人看了只有一个结论，这是好的设计作品。包装上面的信息不仅要真实，还要通过版式设计分出条理，引导视线，促进消费者与包装交流，进而获得准确信息而不至于误导消费者产生其他

图 2-25　消费者选购商品

理解。

（3）三维版式。与平面版式不同的是，包装是立体的，所以还要考虑各个面之间的关系，以及卖场环境等因素。

二、包装版式设计步骤

（1）确定包装的调性。任何设计都不是拿到就开始做的，而是要做很多前期工作，前期工作做得越充分，设计才越科学，正所谓"谋定而后动也"。调性本是一个音乐方面的名词，这里借用到设计上来，是指设计对象的"性格"：是高端、严肃，还是大众、亲和。不同的调性对应不同的版式设计语言，所以要准备充分的图文素材。

（2）确定版式样式。根据确定好的调性来确定视觉度、图版率、跳跃率、空白率等，版面样式见表 2-2。

表 2-2　版式样式

样式	定　义	结　论
视觉度	图片或文字对视觉的吸引强度	抽象图案> 具象图案> 人物（脸部> 其他部位）> 动物> 植物> 景物> 文字；视觉度越低越严肃，越高越亲和
图版率	版面中图片与文字所占面积的比率	图版率越低越严肃，越高越活泼
跳跃率	版面中最大字号与最小字号，最大图片与最小图片的比率	跳跃率越低越严肃，越高越活泼
网格拘束率	文字、图片受网格约束的程度	网格拘束率越高越严肃，越低越有活力
空白率	版面上的图片文字所占面积与空白面积的比率	空白率越低，信息量越大，感觉越亲民；空白率越高，信息量越小，感觉越典雅、高品质
文字外观	字体、字号、间距、对齐等	文字字号小、对齐、行间距大显得高端，反之显得大众化

（3）进行微调。为了强化主题、协调各视觉元素之间的关系而微调距离、对齐、字号等。

下面以两个品牌的巧克力包装的版式设计进行样式分析。图 2-26 与图 2-27 所示的是两个品牌的巧克力包装设计，它们传达出不同的调性，其版式设计样式上的分析结果见表 2-3。

图 2-26　某品牌巧克力包装设计

图 2-27　另一品牌巧克力包装设计

表 2-3　两个品牌的巧克力包装版式设计对比

图号	字体	空白率	视觉度	网格拘束率	跳跃率	图版率	给人的感受
图 2-26	活泼的美术体	低	强	低	高	高	亲和力、活泼
图 2-27	严谨的无饰线字体	高	弱	高	高	低	高品质、典雅

当然，除了版式设计语言传达了不同的调性外，在材质工艺上也有所不同。其他类似的例子也很多，如图 2-28 和图 2-29 所示的两个品牌的蛋糕包装，希望读者根据这个章法在现实中多找些案例去比较、琢磨、领悟、实践。

图 2-28　某品牌蛋糕包装设计

图 2-29　另一品牌蛋糕包装设计

第三章 包装设计的流程

第一节 包装设计的前期准备

一、包装设计合同

商品包装设计的合同是客户和设计公司或设计师之间签订的法律文书，是对设计师劳动成果的一种尊重，更是对设计知识产权保护的有力支持，合同当事人应遵循平等、自愿、公平、诚信等原则。

设计公司或设计师可根据甲乙双方的意愿签订约定内容的设计合同，一般的商品包装设计合同有以下常见格式。

食品外包装设计合同（参考稿）

甲方（委托方）：

地址：

联系电话：

乙方（受托方）：

地址：

联系电话：

根据《中华人民共和国著作权法》《中华人民共和国合同法》及国家有关法律、法规的规定，甲、乙双方在平等、自愿、诚实信用的基础上，经友好协商，就甲方委托乙方设计食品包装盒事宜，达成如下协议，以资共同遵守。

第一条　设计作品数量

甲方委托乙方共设计××种款式食品包装盒。

第二条　工作阶段及内容

本设计作品将分为两个阶段完成：

第一阶段：食品包装盒风格提案设计。

第二阶段：食品包装盒完稿设计。

第三条　合同价款及付款方式

（1）甲乙双方约定，食品包装盒每一款式设计费用为人民币××××元，合同价款暂定为人民币××××元。实际按甲方最后确认接受的食品包装盒设计款式数量结算。

（2）本合同签订后三个工作日内，甲方按合同价款的××%以现金方式付给乙方第一阶段设计预付款，乙方开始第一阶段即食品包装盒风格提案设计工作。乙方应提供多于××种提案供甲方选择确认。

（3）乙方完成第一阶段设计，即完成食品包装盒风格提案设计，提案被甲方确认接受后三个工作日内，甲方按确认的提案款式数量以现金方式再付给乙方××%的第二阶段设计预付款，乙方按甲方选择确认的提案开始第二阶段即食品包装盒完稿设计工作。

（4）乙方完成第二阶段设计，即完成食品包装盒完稿设计，并经甲方确认接受后三个工作日内，甲方按确认接受的完稿设计款式数量以现金方式将剩余设计费用一次性付给乙方。乙方须向甲方开具合法有效的等额发票（包括前两次预付款）。

（5）第一阶段甲方确认的提案在第二阶段未被甲方认可的，乙方退还甲方相应的设计预付款。甲方有权在应付未付款中扣除。

第四条　合同期限

乙方应在××年××月××日前完成本合同约定的第一阶段设计工作，即食品包装盒风格提案设计，并通过甲方验收；乙方应在××年××月××日前完成本合同约定的第二阶段设计工作，即食品包装盒完稿设计并通过甲方验收。本合同约定两个阶段设计总工期为一天，从××年××月××日起至××年××月××日止。

第五条　双方义务

（1）甲方负责在本合同签订后三个工作日内向乙方提供资料，并对其所提供的资料的合法性负责。

（2）乙方要严格按合同约定的期限完成各阶段设计工作。

（3）甲方应按合同约定向乙方支付设计费用。

（4）乙方的设计作品应符合《著作权法》及其他相关法律法规的规定，不得侵犯他人的著作权和其他合法权益。

第六条　违约责任

（1）甲方未能按合同约定付款的，每逾期一日，甲方按应付未付款项的千分之一向乙方支付滞纳金。

（2）乙方未按合同约定的期限完成各阶段设计工作，或乙方的设计作品不能满足甲方的要求，应立即按甲方的要求整改，乙方不能按甲方要求的时限进行整改的，乙方应承担违约责任。自该违约情形发生之日起，甲方有权每日按合同总价款的千分之一向乙方收取违约金，甲方有权直接在应付未付款中扣除，违约金不足以弥补甲方损失的，甲方可继续向乙方追偿。

（3）乙方的完稿设计作品未达到甲方要求的，视为乙方违约，甲方可以要求乙方及时采取补救措施，也可以解除或终止本合同，造成甲方损失的，乙方应予以赔偿。

（4）乙方设计的作品如有任何侵犯他人著作权或其他合法权益的行为，由乙方承担全部经济、法律责任，造成甲方损失的，乙方应予以赔偿。

第七条　知识产权

（1）对乙方依本合同所完成的提案或设计成品，在相应款项结清后，其著作权归甲方所有，甲方可将其用于本公司生产销售的食品包装手提袋、包装盒上。

（2）乙方在经甲方书面同意后可用其所设计作品参与公益、专业、行业或媒介所组织的竞赛评比活动。乙方在上述活动中不得侵犯甲方对设计作品的著作权，否则应赔偿给甲方造成的一切经济损失及承担全部的法律责任。

（3）未经甲方确认采用的设计作品，其著作权归乙方所有。

第八条　转让条款

未经甲方书面同意，乙方不得转让其在本合同项下的设计作品为他人使用。否则，视为侵权行为。

第九条　合同终止

（1）因违约而终止。

①由于乙方违约造成本合同不能履行，甲方有权解除和终止本合同，乙方除返还甲方向乙方支付的全部预付款外，另须按本合同总价款的2%向甲方支付违约金。

②由于甲方违约造成本合同不能履行，乙方有权解除和终止合同，甲方除应向乙方支付已确认完成的设计作品价款外，另须按本合同总价款的20%向乙方支付违约金。

③合同终止后，不妨碍另一方向违约方追究违约责任。

（2）本合同已按约定履行完毕而终止。

（3）本合同经各方协商一致而终止。

第十条　保密条款

（1）在本合同订立时、履行中、终止后，未经合同双方书面同意，任何一方对本合同双方相互提供的资料、信息（包括但不限于商业秘密、技术资料、图片、数据以及与业务有关的客户的信息及其他信息等）负保密责任，并不得向任何人披露上述资料和信息。

（2）任何一方违反上述约定的，责任方应按合同总价款的10%向合同另一方支付违约金，违约金不足以赔偿合同另一方损失的，应按合同另一方的实际损失赔偿。

（3）本保密条款具有独立性，不受本合同的终止或解除的影响。

第十一条　争议的解决

凡因执行本合同所发生的或与本合同有关的一切争议，合同双方应通过协商解决，如果协商不能解决，任何一方均可向甲方所在地的人民法院提起诉讼。

第十二条　其他

（1）本合同如有未尽事宜，经双方协商，可另行签订补充协议。补充协议与本合同具有同等法律效力。

（2）本合同一式两份，甲、乙双方各执一份，每份均具同等法律效力。

（3）本合同自双方签字盖章后生效。

甲方：　　　　　　　　　　　　乙方：

法定代表人　　　　　　　　　　法定代表人

（或授权签约人）：　　　　　　（或授权签约人）

签订日期：　　年　　月　　日

二、策划与准备工作

消费者在购物过程中首先要根据自身选购的功能要求、审美倾向和心理需求理解产品的功能、价格及其商品包装所表达的功能特征和寓意特征。商品包装通过各种要素组合所传达的并不是要求设计师从单个产品包装出发来实现产品的保存、运输、销售、携带等基本特征和商品名称、内容及其品牌的介绍，而是要求设计者能从商品包装的环境、分区、展示等整体进行系统策划准备，使得设计业务顺利展开，这样更加有利于设计相关人员与客户的沟通交流，以及进行资料收集与整理、分析，了解法令、规章、制度，研究设计限制条件，进而确定正确的设计形式等。在设计策划过程中，需做好以下几点。

（1）了解产品包装的背景。一是委托人对包装设计的要求；二是该企业有无 CI 计划，要掌握企业识别的有关规定；三是明确该产品是新产品还是换代产品，所属公司旗下的同类产品的包装形式等。设计师应了解产品包装的背景，以便制定正确的包装设计策略。

（2）与委托人沟通。当接到一个包装设计任务时，不要忙于从主观意念出发而进行设计，首先应该是与产品的委托人充分沟通，以便对设计任务有详细的了解。

（3）了解产品的使用对象。顾客的性别、年龄以及文化层次、经济状况的不同，形成了他们对商品的认购差异，因此，产品必须具有针对性。只有掌握了该产品的使用对象，才有可能进行定位准确的包装设计。

（4）了解产品本身的特性。对产品特性的了解和掌握包括产品的重量、体积、强度、避旋光性、防潮性以及使用方法等。不同产品有不同的特点，这些特点决定了其包装的材料和方法，应符合产品特性的要求。

（5）了解产品的相关经费。产品的相关经费包括产品的售价、产品的包装及广告的预算等。对经费的了解直接影响着预算内的包装设计，而每一个委托商都希望以少的投入获取多的利润，这无疑是对设计师的巨大挑战。

（6）了解产品的销售方式。产品只有通过销售才能成为真正意义上的商品。产品经销的方式有许多种，最常见的是超市货架销售，此外还有不进入商场的邮购销售以及直销等，这就意味着所采取的包装形式应该有所区别。

第二节　包装设计的市场调研与定位

一、商品包装的市场调研

（一）调研对象

市场调研是商品包装设计中的一个重要环节，实践证明，通过系统的、科学的调研，企业能提高商品营销成功的概率。当接受企业的委托设计后，设计师要有目的、有计划、系统而全面地收集整理与该商品相关的产品、包装市场、厂商和消费者的资料和具体情况，并对其进行客观的思考、分析和论证，为制定合理的设计方案做好准备。

通过市场调研设计师可以做到：

（1）决定产品定位的最佳方案。

（2）从潜在的消费者那里获得有关新产品开发的思路。

（3）确定最有吸引力的产品特征。

（4）确定最佳的产品包装。

（5）确定影响消费者购买决策的最主要因素。

在调研过程中设计师应该对包装市场、产品市场、消费者有一个很好的把握。

（1）对包装市场现状进行了解。根据目前现有的包装市场状况进行调查分析：

1）听取商品代理人、分销商以及消费者的意见。

2）对商品包装设计的流行性现状与发展趋势做一个透彻的了解和把握，并以此作为设计师评估的准则。

3）总结归纳出最受欢迎的包装样式。

（2）设计师应对产品市场进行了解，有个清晰的概念，分析、了解同类竞争产品的行销方式、流通模式等，具体来说包括：

1）此类产品在市场上的种类。

2）同类商品包装设计的特点。

3）同类商品的销售情况。

4）目前的潮流与流行趋势。

这些都要进行具体深入的调查，以掌握较为完整真实的数据。

从市场营销的理念来说，企业营销活动的中心和出发点是顾客的需要和欲望。设计者应该依据市场的需要发掘出商品的目标消费群，从而拟订商品定位与包装风格，并预测出商品潜在消费群的规模以及商品在货架的寿命。

（3）消费者的满意是商品销售成功的决定因素，设计师要充分了解消费者的喜好和需求，如他们的购买动机、行为、购买力以及购买习惯等。包装设计师必须做到知己知彼，才能有的放矢地进行包装设计，做出产品的与众不同之处，更好地吸引消费者。如图3-1所示的包装样式各有其特色。

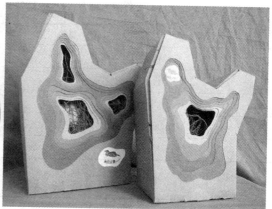

图3-1 包装样式

（二）调研的方式和方法

商品包装设计的市场调研方式方法可谓是多种多样，在设计时选择何种方式方法可以据具体情况而定，并不是固定的，现介绍两种调研方式。

（1）定量调研：

1）采用问卷调查方式针对目标受众和消费者开展的调研。了解产品使用人群眼中的产品行业特征以及对未来发展的期望，在与竞争对手的对比中发现自己的优势与不足，同时最大限度地摸清同行业包装设计现状。在具体的开展过程中，首先确定调研的对象和内容，然后对问卷的问题进行客观、全面、富有亲和力的设计，尽量做到全面和缜密。其次，可通过网络问卷、电话访问、邮寄调查、留置问卷调查、入户访问、街头拦访等多种方式来进行具体实施。

2）为了切身感受产品的市场环境，还要走访，考察产品上架的大型超市、商场等市场状况以及现有的同类产品的包装视觉效果，根据消费者的消费心理从中搜集第一手资料。

3）主动接触卖场促销员等直接接触商品的工作人员，通过闲聊等方式来获取相关信息。

（2）描述性调研方法。描述性调研建立在大量的、具有代表性的样本之上，是一种能比较深入地具体地反映调查对象全貌的调研方式。描述性调研的方法有：1）二手资料法；2）实地调研法；3）小组座谈法；4）观察法；5）模拟法。

针对包装设计的调查见表3-1和表3-2。

表3-1 调研表（一）

品　　名		
包装情况	色彩	
	构图	
	结构造型	
	文字	
	构思	
	商标	
	表现手法	
	材料	
档次		
销售区域		
生产单位		
意见反馈		
分析评价		

表3-2 调研表（二）

产品名称	
产品生产单位	
产品档次、价格	
主要消费群体	
销售区域	
规格和计量	
竞争对手情况	
信誉度好坏	
性能和形态	

注："分析评价"要详细说明优缺点以及改进的意见。

设计师应充分认识到调研的参考价值和意义，不能被调查数据、调查结论禁锢了头脑，应该从中对消费者的需求有一个很好的把握和认识，同时应该认识到调查结果反映的基本上是目前的、短期内的情况，凭借自身的文化底蕴、知识积累、设计经验和一定的超前性思维进行设计，把握设计的正确方向，设计出优秀的产品包装。

二、商品包装的定位设计

1972 年美国的艾·里斯和杰克·特劳特在《广告时代》上提出定位的理论，发展到现在，它在广告、营销及设计界中都有非常大的影响力。

设计定位是在设计前期策划的过程中，在充分调研的基础上，把收集来的资料全部集中起来，运用商业化的思维方式，考虑如何体现产品的人性化，以寻求商品特征与消费者心理间的相融点，围绕包装设计的基本要素进行逐项的对比分析，然后根据市场需求扬长避短地进行筛选，确定新产品设计，突出重点，情系消费者，以使产品在未来市场上具有竞争力。简单地说，设计定位就是指一件商品包装在设计前，根据市场和营销策略所确定的设计信息的要素基点。

三大信息要素是一件商品包装要承载的最基本、最主要的信息：

（1）商品是谁生产的；

（2）包装容器内的商品是什么；

（3）供给哪些人消费的。

这三大信息要素简称为"生产者、产品、消费对象"。这就是设计定位三要素，设计定位就是在三要素中组合搭配，寻找最恰当的切入点，消费者只有了解了上述的基本信息，才能确定是否是自己所需要的商品，才可能发生购买行为。包装容器不论方、圆，摆在货架上，人的视角只能接触其中一小部分。这一部分必须将主要信息传达给消费者，即是所谓"主要展销面"。有的包装容器体积很小，所有的信息都集中在主要展销面上表现出来是不现实的，也是不合适的。即使是比较大的包装，主要信息都可以在一个展销面上表现出来，也应该有主、次之分，不可能也不应该平均对待。任何事物都有主要矛盾，要传递的主要信息是什么，抓住了主要矛盾，其他问题就迎刃而解了。

根据设计定位三要素，商品包装设计定位基本围绕产品、消费者和品牌来进行。设计定位实质上就是包装设计者根据市场和商品销售战略，突出"生产者、产品、消费对象"三要素中最重要的一两点，以此作为包装设计的切入点，运用各种手段将信息迅速传递给消费者。如果一件商品的生产厂家是口碑极好的百年老店，百年老店就是产品宣传的优势，也就是商品包装的切入点，就可以将设计重点放在"生产者"上。而"生产者"的象征就是商品标志，在设计商品包装的时候，就应该将商标放在包装显著的位置，并运用设计技巧强化商标给人的视觉冲击，将"生产者"作为这一件包装设计的主体凸显出来。

商品包装设计的七种定位方式为：品牌（即生产者）、产品、消费者和混搭的品牌加产品、品牌加消费者、产品加消费者、品牌加产品再加消费者。

（一）产品定位

产品定位是以产品的基本信息，如产品的类别、特点、使用方法、使用场合、价格和质量等为基点，针对潜在的目标消费群体的心理和需求，为产品在同类产品中设定的一个位置。当然这种产品的定位设计要通过商品的包装进行宣传和表达，从而让消费者清楚地了解该产品，具体从产品的造型，包装的文字、图形、色彩这几个方面着力进行设计，如图 3-2 所示的包装以材料和印刷工艺体现其手表的档次。

产品质量的好坏往往是消费者特别关注的。如果产品的质量好、形象美，可以将产品

图 3-2　手表包装盒

形象直接展示给消费者。表现产品的最好的办法是透明包装，在纸盒上开窗，让消费者直接看到实实在在的产品，或者用精美的彩色照片将产品形象生动地表现在包装容器上。只要产品有优势，产品形象又好，将设计定位在"产品"上是非常恰当的，由产品自己说话是最好的方式。除了上述办法以外，依据不同的消费对象和销售地区，还可以用各种特别的表现手法，譬如绘画、图形设计、卡通形象设计等，同时，也要针对竞争对手的同类产品包装来确定表现手法。

（二）消费者定位

消费者定位就是希望哪一类人或哪一种心理状态的人，成为产品的潜在消费者。消费者定位主要包括消费者个体需求和群体特点两个方面。消费者的个体需求指的是根据消费者间的差异，如生活方式、个性爱好、民族的不同满足消费者个性化的需求。设计师如果能很好地对消费者进行定位，就可以使消费者倍感亲切，好像这一件产品是专为他生产的。如脱脂奶粉，既能满足人体需要又不会增长脂肪，这是希望减肥的女性特别钟爱的。如果将消费者定位在年轻女性，这些年轻女性朋友就会觉得脱脂奶粉特别适合她们。

如果在奶粉中添加对人体生长有益的微量元素，将消费对象定位在婴幼儿，做父母的一定会为了下一代的健康成长去购买。老人需要补钙，在奶粉中添加钙会吸引这部分消费者。由此可见，不同成分的奶粉分别定位给不同需求的人群，总的销售量就会有大的增长，这是促销的技巧，也是消费对象作为设计定位的依据。"消费者"定位要准确。要对消费人群的生活方式、经济状况、消费习惯等有比较清楚的认识，否则，将会事与愿违。

有一家手表生产商，主要生产经济实用的中档手表。为了扩大产品销售，吸引消费者，将手表的设计定位在特定的"消费对象"，这是无可厚非的。但是，问题不在于定位在特定的消费者，而在于定位在什么样的消费者。

设计者在商品包装和广告宣传上使用了一位很有名的影星作为消费者的形象，包装很精美，商品广告也很到位，结果销售额并不理想。经过调查，原来是很多消费者看到包装上的影星形象，误认为这一款手表是消费对象使用的，与自己无关。由此看来，关键在于准确的消费对象定位，有些商品包装上可以用名人作宣传，有些普通商品则大可不必，用适合消费的普通人形象可能更好。有些明星使人觉得很"草根"，用它代言保暖服，效果也很好，那就另当别论了。

再以女士的爱好香水为例，如图3-3所示其包装的瓶身造型外盖设计，本身就是一件工艺品，有较高的耐用性和艺术性，虽然成本较高，但仍有许多消费者是冲着它的包装而去购买的。民族风格的包装也受到很多旅游消费者的青睐，如图3-4所示。消费者的群体定位主要依据群体的年龄特点、性别特征和职业特点，学龄前儿童用品的包装应突出包装的趣味性和知识性；婴儿用品的包装应体现少儿纯洁的心理特点，多采用高纯度、鲜艳、浓烈的色彩以吸引其注意；女士用品讲求线条柔美，色彩温馨淡雅；而男士用品则讲求刚劲庄重，突出科学和实用，如图3-5所示。

图3-3　香水瓶　　　　　　　　　　图3-4　民族风格包装

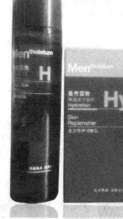

图3-5　男士用品包装

（三）品牌定位

品牌作为企业的名称标示了企业的内涵和理念，是一种代表产品辨识度的标志，它带给消费者熟悉的感觉和联想，是消费者选择产品的依据，能给消费者提供某种功能性利益的价值感。

　　海尔公司也生产一种商标为"阿里斯顿-丽达"的洗衣机，阿里斯顿是著名品牌，这是根据合作协议生产另一商标的产品。"生产者"不是通过商标体现的，在这里表现生产者的是企业名称。

　　还有一种情况是生产者和商标不是同一名称，这个商标也就代表了生产者。

　　一家有良好信誉的生产厂家，经过若干年的努力，产品可能成为家喻户晓的名牌产品，商标在消费者心目中留下了深刻的印象，商标已经成为企业重要的知识产权，靠品牌就可以在市场上赢得消费者。在这样的情况下将设计定位在"生产者"就是很好的办法，无须投入大量的宣传费用，名牌效应就可以给消费者信心，扩大商品销售量。

　　包装设计的品牌定位可从产品包装的图形、色彩和文字三个方面进行考虑。图形包括商标、辅助图形、吉祥物等，它对作品的整体效果、内在张力及信息的传达产生直接影响，如图3-6所示鹰牌花旗参就采用了具象的鹰作为图形；色彩可以直接刺激人的视觉，使人的情绪产生变化，无形中影响人的判断，如图3-7所示"可口可乐"的包装采用了公司的标准色——大红色与白色；包装设计中特定字具有符号性和识别性，并且具有作为图形本身的一种形式美感，如图3-8所示。

图3-6　鹰牌花旗参包装

图3-7　可口可乐包装

图 3-8　各式花茶包装图形

每一个品牌都有其独特的定位，有的比较老的公司为了迎合消费者心理，把受众细分，采用多品牌战略，用不同品牌来满足不同消费人群的需要，如宝洁公司旗下就有飘柔、潘婷、海飞丝、沙宣等洗发水品牌。

（四）双向定位

七种定位方式中的品牌加产品、品牌加消费者、产品加消费者的定位方式是双向定位。

双向定位，也不能平均对待，一定是要有主次之分的，突出一点，另一点作为辅助，如生产者加产品，可以其中一个要素为主，另一个要素为辅。其他双向定位也都是如此。

（五）多向定位

品牌加产品再加消费者定位是多向定位。同样，要有主次，突出一点，另两点辅助之。

设计定位和销售策略关系密切，设计者切不可以为销售与自己无关，商品包装不可能脱离产品和销售单独存在，商品包装设计是受到各方面制约的。一件商品包装的设计或以消费对象为主，生产者和产品次之；或以产品为主，生产者和消费对象次之；或以生产者为主，产品和消费对象次之，只有根据具体商品和市场情况准确定位，才有好的销售业绩。

总之，在包装设计中对产品进行定位的方法很多，既可以采用其中之一，也可以综合采用其中几种，其最终目的是设计出既能体现商品特点，又能适应市场竞争形势，并且能满足消费者需要的包装形式，将商品销售出去。

第三节　包装设计方案的制订

在完成商品设计的调查和定位之后，设计者提出商品包装设计的初步设想和所要表现的内容。这其中包括要使商品包装设计达到什么样的预想效果，打算采取哪些具体方案来实现目标等，可以初步提出设计构想图草案也称为草图，这个过程可以利用铅笔手绘及简易的色彩示意来完成，并及时把设想反馈给委托厂商，共同商定下一步工作计划。

设计师可以根据计划的开支情况，结合前期设计构想，参考设计调查的结论，依据包装内容物的性质、形状、价值、结构、重量和尺寸等因素，选择适当而有效的包装材料；充分了解材料及其性能之后，则可以开始设计特定的商品包装造型和结构。设计中要从保护商品、方便运输、方便消费等方面出发，考虑现有产品的生产工艺及自动包装流水线的设备条件，初步确定商品包装的造型结构。如果是纸盒商品包装应准备出具体盒形结构图，以便于商品包装展开设计的实施，如图 3-9 所示。

图 3-9　盒形结构图

准备设计的表现元素——图形、文字。文字信息包括品牌字体的设计、广告语、功能性说明文字的准备等。图形上摄影图片则运用类似的照片或效果图先行替代，对于精细表现的插画先要求大致效果的表现即可。除了这些以外，产品商标、企业标示、相关符号等也应提前准备完成。

第四节　包装设计方案的实施与评估

一、设计方案的实施

商品包装设计的实施，会涉及材料、技术、造型、结构、形式及画面构成等各个方面。设计实施的过程不是设计构思的终结而是其深化和发展。独特巧妙的艺术构思需要独特的艺术形式来体现。商品包装对商品形象的塑造使其因为富有强烈的艺术感染力而具有审美价值，并且这种审美是符合消费者对商品的心理感受的，此外当然还要适应消费者对包装其他的功能性需求。回归到包装作为商品的一部分所具有的商品性来出发，为宣传商品促进销售，商品的包装设计要从平面构图和立体造型两个方面去考虑。

（一）平面构图

商品包装的平面构图作为画面的主体表现形象，平面图形的表现手法有直接表现和间接表现两种。直接表现指通过主要的具体形象直截了当地表现设计主题，从而能够明确、具体、直观地对消费者进行视觉传达，对比、特写、夸张和归纳等手法是直接表现常采用的表现手法；间接表现指通过对主体形象的比喻、象征等方法表现设计主题，从而使消费者由此产生一定的联想和感受，如比喻、联想、象征等手法是间接表现常采用的表现手法。

任何艺术形式都有它独特的个性，在进行商品设计过程中可以采用产品和消费者现实的直观形象进行直接表现，也可采用他们喜闻乐见的图形、色彩和字体进行间接表现。但无论怎样表现，我们都需要选择一个合适的艺术形式，使得商品整体形象和设计风格达到协调统一。如图 3-10 所示的香米包装设计采用直接的表现方法；图 3-11 所示的包装设计以绿色表现天然清新的调性，大量的白色又体现了洁净的调性。

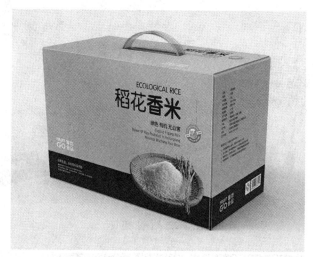

图 3-10 香米包装

图 3-11 天然清新的包装

（二）立体造型

包装的造型与结构以容纳、保护和便利等实用功能为基础，而且基于对包装科学性与合理性的考虑，大部分同类商品包装在结构与造型上是大致雷同的，例如礼品包装盒的设计，在结构上从里到外通过附加各种形式的材料来增加包装层次，显示大方与贵重，在造型上尽量扩大主要展示面的面积；化妆品的香水包装多采用口小、体量小的玻璃瓶，以显示商品的名贵与高档。如图 3-12 所示的香水包装；图 3-13～图 3-15 所示为具有中国东方神韵兼顾现代美学的月饼包装 Citrus Moon。Citrus Moon 月饼包装将东方的人文传统和当代美学的生动色彩进行了完美结合，在包装外盒上抽象的水彩颜料是中秋满月的象征符号，圆圆的水果，借以合适的尺寸设计，使滑动中的外套盒呈现出月相的不同阶段，内部盒则是一个衍生的月运周期，每个月饼对应着一个月中不同时间段的月相，配以诗话，这个包装传达了传统礼仪与现代美学的精心整合。

图 3-12 香水包装

图 3-13 月饼包装（一）

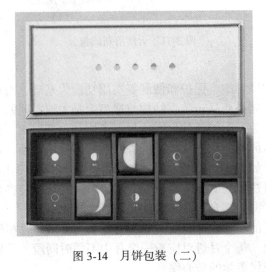

图 3-14 月饼包装（二）

图 3-15 月饼包装（三）

在包装设计中，应充分重视造型与结构设计。包装作为一种促销手段，在形式上改变原有商品包装的造型与结构，做到有所突破，给人强烈的视觉冲击力，对于吸引消费者注意、促进销售和树立商品独特的个性形象非常有效。如图 3-16 所示香水的外形结构设计为不规则的菱形，并且是反光材质，非常漂亮；如图 3-17 所示的心形包装设计，印满了红色玫瑰花，体现的是情侣间浓浓的爱意，很浪漫。

图 3-16 菱形香水瓶

图 3-17 心形包装

商品包装的造型与结构的改变，不能单从美学角度出发，也应以商品的实用功能和消费心理为基础。具体来说对商品包装结构和造型的变革可以从以下几方面开展。

（1）改变部分材料与工艺。如图 3-18 所示为 Patron 龙舌兰酒，上下大小比例不同，但相同的几何图形对称，并形成大小图形中主体品牌文字与辅助性说明文字呼应，瓶盖一改以往的金属材质，转而选用圆形木塞的结构设计，提升了酒的档次，使其具有经典意蕴。

图 3-18　酒瓶包装

（2）对商品包装的体量和尺寸在大小和比例上进行适当的变化，这种变化并非无中生有，而是以原有商品包装的造型结构为依据的，比如对商品的体量容积、组合比例的改变，增加内衬和扩大空间等。

（3）对局部结构和包装形式的改变。例如附加彩带、吊牌、提手及采用开窗、嵌插、封口等结构与形式。如图 3-19 所示在酒瓶盖上增加圆形拉环，不仅方便了酒的携带也使其显得非常别致。

图 3-19　酒瓶盖设计

（三）提案

初步的设计提案表现出主要展示面的效果即可，将设计完成的方案进行彩色打印输出，并以平面效果图的形式向设计策划部门进行提案说明，以产品开发、销售、策划等为依据，筛选出较为理想的方案，并提出具体修改意见。要注意到这种方案稿的选定并非一蹴而就，而是可能要经过几次反复的修改，如图 3-20 所示的香水瓶包装，是经过很多次的修改形成最后的定稿方案。

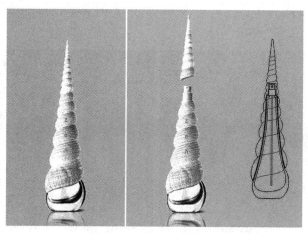

图 3-20　香水瓶包装设计

设计师紧接着上一步对最终筛选出来的部分设计方案再次展开设计，并制作成实际尺寸的彩色立体效果，让其更加接近实际成品。设计师可以通过立体效果来检验设计的实际效果以及找出商品包装结构造型上的不足，将经过完善后的立体效果稿再次向设计策划部门进行提案，如图 3-21 所示为包装立体效果图。

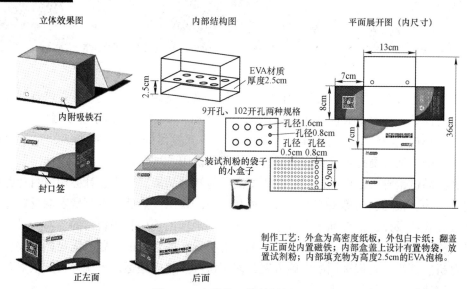

图 3-21　包装的立体效果图

二、设计方案的评估检测

设计方案的提出到落实不是一成不变的，要经历多次修改、整合，在内容和形式等多个方面可以不断地进行扩展，如图3-22所示，设计者从目标消费者的心理需求出发，结合商品的特性进行准确、细致的定位，并充分考虑包装的功能是否符合消费者心理需求，符合时代的发展，视觉表现上是否贴近人、关爱人、能更好地与人沟通；在最后印刷与制作上，考虑其是否符合新技术、新工艺的要求，是否符合环保的要求，材料是否浪费。

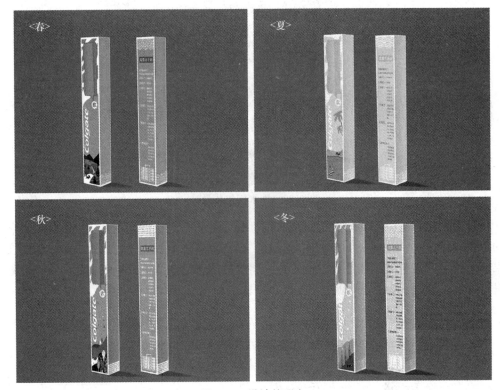

图3-22　设计的理念

根据企业对不同风格的设计图稿的意见和建议，设计者需对设计方案进行认真的选择和慎重的推敲，从而完成进一步的修改加工。然后，从中选择2~3个方案进行小批量印刷制作，小规模的试生产英文称为"dummy"，将开发出的产品实际装入小批量生产出的商品包装中，然后委托市场调研部门进行消费者试用、试销。

在商品试销阶段，设计部门可以依据商品包装的功能、风格、社会构成目标等目标设置对其结构、视觉表达等多方面进行微观和宏观的检测，然后根据消费者的反馈意见对其进行改良式再设计，最终确定大量生产，以达到最佳的使用和销售目的。对商品包装设计的评估检测阶段十分重要，为了实现目标，解决设计中存在的问题，满足顾客需要，就要深入分析、逐步完善拟采用的实施方案，多层次、多角度地运用系统分析方法对包装进行评估，以达到最优化的效果。

完成之前的环节后，就进入了实施制作阶段。一般都是将包装设计方案和图纸交付给

第三方制作部门，由其来完成制作。在这个阶段设计师的设计构思与绘制能否很好地互动，在很大程度上关系到设计理念能否被准确地传达。设计者最好能深入生产现场参与监督制作，同时结合其他部门制定包装系统推广计划，包括宣传促销及信息反馈体系，以利于产品最终成果的理想表现。

第四章 包装设计的材料与设计

第一节 常用包装材料

包装材料是商品包装的物质基础，关系到整体功能、经济成本、加工工艺及废弃物处理等多方面的问题，具有重要的作用。包装功能要求包装材料具有五项功能：适当的机械性能、适当的阻隔性能、适当的加工性能、较好的经济性能、良好的安全性能。

每种材料都有一定的特质，只有熟悉材质、善用材质，才能设计出既对又美的包装。

一、纸

纸在包装材料中占据着第一用材的位置，这与纸所具有的独特优点是分不开的。纸不仅具有容易形成大批量生产、价格低廉的优点，还可以回收利用，不会对环境造成污染。纸具有一定弹力且折叠性能也很好，具有良好的印刷性能，字迹、图案清晰牢固，因此纸包装材料越来越受到人们的重视。纸包装材料可以根据不同的标准进行不同的分类，下面根据纸张的用途，把纸分为平张纸、无菌液体包装用纸、纸板、淋膜纸、标签纸、瓦楞纸及其他包装用纸。

（1）平张纸。平张纸也称平板纸，是将纸按一定的长、宽规格切成一张一张的单张纸，规定 500 张为一令（Ream）。平张纸有基重及规格两个通用参数。基重即基本重量，一般以每平方米纸的重量表示，如 157g/m² 表示每平方米的纸张重 157g；也有将一令纸的磅数作为基重的，如一令纸重 120P，则表示为 120P/m²。基重越大，纸张越厚，价格越高；反之，纸张越薄，价格越低。纸张的尺寸很多，比较常用的有正度和大度两种，正度纸为 787mm×1092mm，大度纸为 889mm×1194mm（约 1m²），其他特度纸有 850mm×1168mm、880mm×1230mm 等规格。

平张纸有涂布纸、非涂布纸、特种纸 3 种类型。

1）涂布纸俗称"铜版纸"，因欧洲用这种纸印刷名画时，晒制所用的是铜板腐蚀的印版，所以称为"铜版纸"。其实没有铜，只是在原纸上刷了一层涂料，涂一面称为"单铜"，涂两面称为"双铜"。铜版纸主要性能及用途见表 4-1。

表 4-1 铜版纸性能及用途

等级名称	每面涂量/g·m⁻²	特　点	用　途
超级铜版纸	≥25	光泽度高，纸面极平滑，印纹非常清晰	高级画册，高级产品包装
特级铜版纸	20	硬度够、纤维长、挺度足	很适合方形盒印刷
铜版纸	≥10	平滑不起毛，伸缩性低	最常用，可制作纸袋、纸盒、标贴、小包装等（图 4-1）

等级名称	每面涂量/g·m⁻²	特 点	用 途
轻量涂布纸（LWC）	6~10	基重 50~75g/m²，不压光或轻压光	杂志、画刊
微涂纸	4	不压光，基重 35~80g/m²	杂志
无光铜版纸	0	俗称哑粉纸，不易变形，没有铜版纸鲜艳，但图案比铜版纸更细腻	较高档的画册、封面、包装
压纹铜版纸	10 左右	经过压痕处理，三维效果较好	高级画册封面，具有手感的包装

2）非涂布纸，纸质较粗糙、吸墨性强，但印刷后较为暗沉，效果不及铜版纸，其主要性能及用途见表4-2。

表4-2 非涂布纸性能及用途

名称	基重/g·m⁻²	特 点	用 途
模造纸	45~200	白度佳，吸墨性强，印刷清晰；还有染色的模造纸	广泛用于书写及印刷
压纹模造纸	80~200	经各种压纹处理，质感线条优美	信封、内页、封面、说明书及美术设计等
胶版纸	45~120	纸面平滑，耐折性好，印刷性能好	书刊及低成本小包装
再生纸	80~300	废纸回收抄造，粗犷自然（图4-2），做成书籍有利于保护视力	书写、印刷、包装表面用纸及纸托
牛皮纸	80~200	纤维粗，韧性强	袋类包装（图4-3）
布纹纸	80~200	各种纹路，质感强	纸袋、标贴等
卡纸板	250~450	属厚型纸，有白地、灰地、各种西卡，可涂布处理	纸盒的理想材料

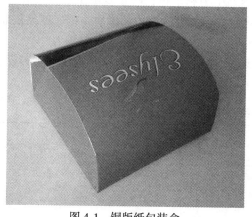

图4-1 铜版纸包装盒

图4-2 再生纸适宜表现粗犷生态

3）特种纸以各种纹理和光泽为主，最常见的特种纸以金属粉或珠光粉涂布处理，一般不适合印刷，常用来裱在硬盒上或陈列于货架上，给人以雅致的视觉感（图4-4）。特种纸每年都会开发出很多品种，还会预测流行款式，基重为 $80 \sim 300g/m^2$，是制作高档包装的优质材料，但价格昂贵，设计时需考虑成本。

图 4-3 牛皮纸袋

图 4-4 特种纸裱褙

（2）无菌液体包装用纸。牛奶、饮料等液体对包装要求相当高，目前比较流行的包装有利乐包、康美包、新鲜屋、百利包等几种类型。

利乐包是瑞典利乐公司（Tetra Pak）开发出的一系列用于液体食品的包装产品，1975年进入亚洲，宣传口号是"包新鲜、包营养、保健康"，从此改变了全世界的包装工业，特别是在处理液体和其他易腐坏的食品包装上做出了根本性的改变。

利乐包由75%的纸、20%的聚乙烯和5%的铝箔组成，有6个保护层，加上最外层的油墨形成7个保护层，把极细的毛孔降到最低，且在包装瞬间超高温杀菌，即使不加防腐剂、不冷藏在常温下都能保存6个月以上，是适度包装的经典之作。2004年9月，在纽约现代艺术馆的"朴素经典之作"展览上，利乐包被誉为"充满设计灵感的，让生活变得更简单、更方便、更安全"的适度包装的杰作。小小利乐包，凝聚着不少科技和智慧，简约而不奢华，给人们的生活带来了很大的变化。我国北方大草原的优质牛奶，就是依靠利乐无菌包才得以方便地送到千里之外的千家万户。

利乐的"砖型包"不仅表面张力小、压力均衡、组合紧密、节省空间，而且很环保，可回收再利用。利乐整体分三大类，其特性见表4-3。

表4-3 利乐包装简介

大类	名称	问世年份	特 点
无菌常温系列	利乐砖	1969	堆栈存放最经济，五个面传递信息，容量为80~2000mL（图4-5）
	利乐钻	1997	外形独特，易于手握，方便倾倒，有旋盖很便利，容量为125~1000mL（图4-6）
	利乐晶	2007	屋顶形
	利乐枕	1997	经济实惠（图4-7）
	传统包	1952	正四面体，无菌于1961年面世（图4-8）
	利乐威	1997	用材少、造型时尚，在货架上比较醒目

续表4-3

大类	名称	问世年份	特 点
冷藏系列	利乐冠	1986	可重新封口的方形圆角包装，表面100%可印刷（图4-9）
	利乐皇	1966	矩形，顶部为屋顶型，被广泛运用于巴氏杀菌产品（图4-10）
食品包装系列	利乐佳	2006	耐蒸煮纸包装，为传统的罐装、玻璃瓶装食品提供另类包装选择，采用水性油墨，环保安全

图4-5　利乐砖

图4-6　利乐钻

图4-7　利乐枕

图4-8　利乐传统包

图4-9　利乐冠

图4-10　利乐皇

康美包是德国PKL公司生产的无菌包装，类似于利乐包。康美包的特色是既生态又节能，其材料75%~80%都是来自斯堪的纳维亚森林中极其强韧的木质纤维，但这些纤维不是通过砍伐树木得的，而是取自毁坏、枯死的树木或木材加工厂的边角料，并且保证该地区树木增长数量大于采伐数量。另外，康美包坚持70%的材料可再生，1000mL的纸盒只重 28g，将低碳环保做到了极致。

屋顶包是巴氏奶的一种包装，外形有点像小房子，所以也称为"新鲜屋"，由美国国际纸业有限公司首先使用，是一种纸塑复合包装。屋顶包与利乐包、康美包相似，其缺点是保质期一般只有 7~10 天，且需冷藏，目前以鲜奶、果汁及茶饮料包装为主。

百利包是指以法国百利公司无菌包装系统生产的包装，其包装膜是一种多层共挤的高阻隔薄膜，这种包装可满足保持牛奶营养成分及保证牛奶卫生安全的要求。这种薄膜从外观上看与普通塑料薄膜没什么区别，但它对氧气的阻隔性能是普通塑料薄膜的 300 倍以上。换句话说，用这种高阻隔薄膜包装牛奶相当于用 300 多层普通包装膜叠在一起使用的效果，因而是安全可靠的。百利包安全、卫生、方便，且价格适中，占据很大的消费市场。

（3）纸板。纸板是做纸盒的必备材料，有平面硬纸板，可制作固定纸盒；有可弯曲的纸板，可制作造型丰富的纸盒；有黏土面纸板，可制作做优质纸盒；有牛皮纸板，可制作五金、机械等重物纸盒。

纸盒主要包含折叠纸盒和湿裱盒。折叠纸盒又称"彩盒"，在包装上占很大的比例，设计时需注意其纤维走向，可设计模切增加其挺度，后面会专门介绍纸盒结构。湿裱盒一般用于礼盒，若要造型丰富，一般采用灰纸板或较厚的工业纸板；若仅是方形，可采用更硬的中纤板，再将特种纸、塑料、布料、人造皮等裱在上面，加上凹凸、烫金等工艺，非常显档次，如锦盒、精装书等（图 4-11）。

（4）淋膜纸。21 世纪的设计课题是，既要有高度的商业化又要保护环境、减少资源浪费，淋膜纸就是这个时代需求和趋势的产物。淋膜纸的主要材料是利用玉米、小麦、薯类等生物淀粉提炼出来的可分解材料——聚乳酸 PLA，未来将利用农业废弃物作为来源，这样将更能降低成本、节省资源。

一般的纸是不防水、会漏油的，但淋膜纸就很好地解决了这个问题。例如，将其涂于汉堡包装就取其防油性（图 4-12）；将其涂于热饮纸杯则取其防水、不渗漏的特性（冷饮杯一般是涂蜡，所以不要用冷饮杯喝热饮，以免高温溶解蜡）。淋膜纸由于是淀粉提炼，因此遇热后不仅无异味、无毒素释放，在吸热后会结晶附着于纸纤维，增加挺度，而且可回收再利用。

图 4-11　湿裱盒

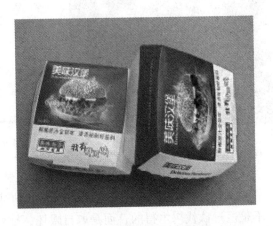

图 4-12　经淋膜处理的纸餐盒

（5）标签纸。标签纸又称"标贴"，一般是不干胶标签，这也是包装的一大品项（图4-13），一般由涂膜层、面材层、涂胶层和底材层四部分组成。设计标签之前要了解标签的基本类别：从使用环境上可分为干式和湿式；从制作工艺上可分为机器标贴和手工标贴。

干式标签适用于不需要接触水的商品，大多以纸制为主；而湿式标签则适用于有水的环境，如厨房洗洁精壶上的标签、卫生间洗发水瓶上的标签等，这些都是要用防水材质来印制的，一般采用PE塑料或合成纸。有些商品虽然会接触水，但不会长时间使用，如饮料、啤酒等虽放于冰箱，有水汽，但取出后会在短时间内喝完，从成本上考虑，这种标签也无须采用防水标签（图4-14）。简单的标签可用机器快速贴标，若是机贴达不到要求，则可用手工贴标。

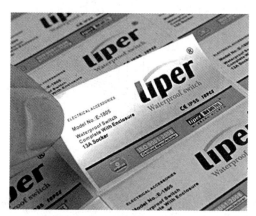

图4-13 标签底材层为离型纸

图4-14 短时间接触水的可用干式标签

标签的主要用纸见表4-4。

表4-4 标签的主要用纸

种 类	主要特性	用 途
激光镭射膜	高档的信息标贴纸	文化用品、高档装饰品等多色彩产品标签
镜面铜版纸	光滑洁白，可着色，防磨，印刷性能极好	药物、食品、电器、文化用品标签
热转纸	抗高温环境	微波炉等高温产品标签
箔纸	背面有铝箔，具有各种金属色泽，价格昂贵	高档药品、食品和文化用品标签
可移除胶	撕落不留痕迹	餐具用品、蔬菜水果等标签
真空金属纸	用真空金属蒸气沉淀法制成	罐装品标签
易碎贴	用于防伪和保修，撕碎后不可再用	电器、药品等商品的防伪
聚丙烯	抗水、油及化学物品等	厨卫间用品、电器、机械等标签

（6）瓦楞纸。1871年，美国人阿伯特·琼斯申请了瓦楞纸发明专利，由于其性能好、成本低，极大地撼动了木箱的霸主地位。20世纪初，木箱行业被迫联合铁路

部门对瓦楞纸箱的使用制定了苛刻的限制条件。但瓦楞纸箱厂家团结一致，经过艰苦的诉讼最终赢得了胜利。这就是著名的洛杉矶"普赖德哈姆案件"，在包装发展史上有着重要的意义。

瓦楞纸是物流包装的理想材料，经裱褙也可作为销售包装，甚至有些大设计师还用它制作家具。瓦楞纸具有成本低、质量轻、加工易、强度大、印刷适应性强、储存搬运方便等优点，80%以上的瓦楞纸均可回收再利用，相对环保，使用较为广泛。另外，因瓦楞芯中空，很多热杯都利用瓦楞纸圈来减轻烫手感（图4-15）。

瓦楞纸由外面纸、内面纸、芯纸三部分组成，如图4-16所示。

图 4-15 隔热杯套

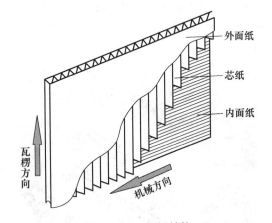

图 4-16 瓦楞纸结构

瓦楞芯纸有U形、V形和UV形三种，V形平面抗压能力最强，缓冲性能最弱且容易磨损；U形平面抗压能力虽不及V形，但缓冲性能强，即受压之后复原能力最好。因为这两种类型各有优缺点，所以诞生了第三种类型——UV形瓦楞芯纸，其综合了两者的优点（图4-17），在实际应用中极其广泛。

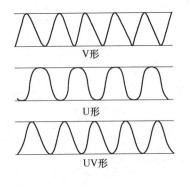

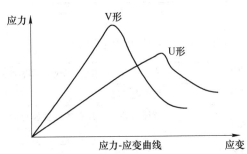

图 4-17 瓦楞芯纸类型及其应力应变示意图

瓦楞纸板可根据层数或芯纸数分为单面瓦楞纸板、三层瓦楞纸板（单瓦楞纸板）、五层瓦楞纸板（双瓦楞纸板）、七层瓦楞纸板（三瓦楞纸板）等，如图4-18所示。

根据国家标准，瓦楞纸板可分为A、C、B、E四种类型。虽然有国家标准，但各厂生产的瓦楞纸板略有出入，其标准和用途见表4-5。

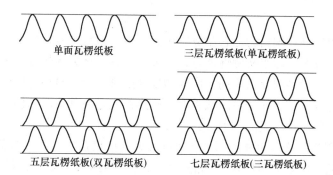

单面瓦楞纸板　　三层瓦楞纸板(单瓦楞纸板)

五层瓦楞纸板(双瓦楞纸板)　　七层瓦楞纸板(三瓦楞纸板)

图 4-18　瓦楞纸板的分类

表 4-5　常用瓦楞纸板楞型（GB 6544—86）

楞型	楞高/mm	楞数/个·300mm⁻¹	特　点	用　途
A	4.5~5	34±2	楞高最大，耐垂直压力及防震性能最佳	轻质易碎品
C	3.5~4	38±2	强度较差，但稳定性好，表面平整，承受平面压力高	纸箱、盒子、格板、内衬
B	2.5~3	50±2	抗平面压力较佳，缓冲力较差	五金、电器、罐头等
E	1.1~2	96±2	平面刚度高，缓冲性能好，成本低，印刷适应性好	精美内包装

注：出口商品包装瓦楞纸板楞型没有 E 型。

（7）其他包装用纸。包装用纸还有其他类型，如玻璃纸、硫酸纸等。

玻璃纸是一种是以棉浆、木浆等天然纤维为原料，用胶黏法制成的薄膜，其特点是透明、无毒无味。因为空气、油、细菌和水都不易透过玻璃纸，所以其可作为食品包装使用（图 4-19）。

硫酸纸是由细微的植物纤维通过互相交织，在潮湿状态下经过游离打浆、不施胶、不加填料、抄纸，72%的浓硫酸浸泡 2~3s，清水洗涤后以甘油处理，干燥后形成的一种质地坚硬的薄膜型物质。硫酸纸质地坚实、密致而稍微透明，具有对油脂和水的渗透抵抗力强，不透气且湿强度大等特点，能防水、防潮、防油、杀菌、消毒，可制作礼品包装（图 4-20）。

图 4-19　玻璃纸包装

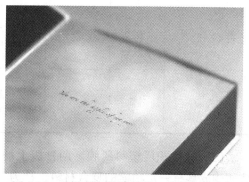

图 4-20　硫酸纸包装能营造一种朦胧的感觉

二、塑料

塑料包装是指各种以塑料为原料制成的包装总称。塑料包装材料虽然具有经济、透明度好、重量轻、易成型、防水防潮性能好，以及可以保证包装物的卫生等优点，但容易带静电、透气性能差，而且回收成本高、废弃物处理困难，容易对环境造成污染。此外，有的塑料材料还含有毒助剂，使用时应该采取措施降低或避免其造成的伤害。

塑料在包装上的运用也是品类繁多，主要有以下几种。

（1）塑料。塑料是指以单体为原料，通过加聚或缩聚反应聚合而成的高分子化合物，在生活中随处可见，也是一项比较成熟的包装材料。1988年，美国塑料工业协会（SPI）为方便塑料制品统一回收而制定了回收识别码，通常标注在塑料包装底部。识别码1~6分别代表相应的材料，识别码7则表示除了识别码1~6以外的所有塑料材质。一般来说，数字越大，其使用安全性越高。塑料包装的主要特点及用途见表4-6。

表4-6　常见塑料包装材料特点与用途

名　称	简称	SPI回收标志	特　点	耐温/℃	在包装上的用途
聚对苯二甲酸乙二醇酯	聚酯PET或PETE		硬度、韧性及透明度极佳，质量轻，生产消耗少，不透气，不挥发，耐酸碱	40	俗称宝特瓶，适合装冷饮、酱类等。不宜长期使用，否则有致癌风险
高密度聚乙烯	HDPE		比低密度聚乙烯（LDPE）熔点高，硬度大，耐酸碱	60	饮料瓶、牛奶瓶、酱类罐、食用油、农药、沐浴乳瓶等
聚氯乙烯	PVC或V		便宜，透明性与光泽好，但耐热、耐冷性较差	60	不推荐用于食品包装或玩具
低密度聚乙烯	LDPE		透明性差，材质较软，耐腐蚀性不及HDPE	60	塑料袋、牛奶瓶等
聚丙烯	PP		熔点高达167℃，耐热，可蒸汽消毒。物理机械性能比PE（聚乙烯）好	120	瓶、罐、瓶盖、微波餐盒、薄膜等
聚苯乙烯	PS		吸水性差、耐潮湿。质脆易裂，冲击强度较低，易燃	90	包装镶衬，工业包装缓冲材料，避免装高温多油食物
其他类	其他		以聚碳酸酯（PC）为例，抗紫外线，耐冲击	135	慎用食品类，可能影响生理发育

（2）软性积层塑料薄膜。两种以上的材料经过一次或多次复合加工后组合在一起，从而构成具有一定功能的复合材料，称为"积层包装材料"，一般分为三层，其结构和功能见表4-7。

表 4-7　积层包装材料结构及功能

层名	作　用	材　料
外层	美观、阻湿、便于印刷	双向拉伸聚丙烯（BOPP）、双向拉伸对苯二甲酸乙醇（BOPET）、双向拉伸聚酰胺（BOPA）等
功能层	阻隔、避光	聚酯镀铝膜（VMPET）、铝（AL）、乙烯/乙烯醇共聚物（EVOH）、聚偏二氯乙烯（PVDC）等
内层	与产品直接接触，需耐渗透，有良好的热封性及开启性	低密度聚乙烯（LDPE）、流延聚丙烯（CPP）、茂金属聚乙烯（MLLDPE）、乙烯-醋酸乙烯共聚物（EVA）、乙烯丙烯酸共聚物（EAA）、乙烯-丙烯酸甲酯共聚物（EMA）、乙烯丙烯酸丁酯（EBA）等

　　因软性积层塑料薄膜（以下简称 KOP）具有保湿、保味、保鲜、避光、防渗漏、美观等特点，已被广泛使用并获得快速发展。按其复合袋成型后的用途，可分为干式袋与湿式袋两大类；根据产品的不同特性，又可分为真空袋、高温蒸煮袋、水煮袋、茶叶袋、自立袋（图 4-21）、铝箔袋等。

　　干式袋主要用于方便面、饼干、干料零食、洗衣粉等。一些膨化食品对包装要求高，因此开发了镀铝 KOP，又因其具有金属质地、美观、阻隔性能好、成本低等特点，被迅速而大量地使用（图 4-22）。

图 4-21　立式袋展示效果

图 4-22　有金属质感的 KOP

　　湿式袋主要用于包装冷藏食品和各种液体，很多产品需要在高速生产线上灌装，要求其内层有良好的低温热封性和抗污染性，避免在运输过程中破包、渗漏。

　　在印刷时，一般需要先印一层白色再印四色，注意要留一部分透明让消费者看到产品。若要效果好，可铺两层白色再印四色，或者先铺银再印白再印四色。如果是镀铝或裱铝（不透明）的材料，那么无须铺白直接印刷，也可得到时尚的金属感。

　　（3）收缩膜。收缩膜是指由整卷塑料薄膜经凹版印刷后再进行后续处理的包装材料，一般是将平张印好的塑料膜成型为圈状，再套入瓶上，通过热风加热使其收缩包覆于瓶上。由于收缩前后有变化，且纵横变化不一样，因此在设计时需注意这一点（图 4-23）。

　　制作收缩膜的材料比较多，可根据实际需要选择透明或不透明塑料，做"表刷"或

"里刷"。表刷一般用于不透明材料，就像印一般纸材一样正面印刷（图4-24）。若选用的是透明材料则需要用里刷方式：先在透明塑料上印反向图文，再印白色墨把图文全覆盖，当然也可以根据设计不印白色墨，通常里刷效果比表刷好。

图4-23 收缩膜因瓶型而变形

图4-24 表刷收缩膜反射效果稍差

需要注意的是，收缩膜的变形一般横向大于纵向，所以最好将条码竖放，以免条码变形太多而无法读取。

（4）软管。塑料复合软管是指将塑化材料制成管状的容器，一端折合焊封、另一端制作成管嘴的包装容器，如牙膏、药膏等包装，也有金属软管、层合软管等。因为是先成型再印刷，印刷附着力差，所以在设计时要特别注意以下几点。

1）线条宽度不得低于0.1mm，否则容易断线或笔画不清；中文净高不得低于1.8mm，英文不低于1.5mm。

2）细小文字及线条要设计为单色，避免套印不准而模糊。

3）反白文字中文净高不得低于2.5mm，英文不低于2mm，建议用圆体、黑体等笔画均匀的字体，慎用宋体等笔画粗细悬殊太大的字体（图4-25）。

（5）亚克力。亚克力是英文acrylics的音译，实际上是丙烯酸类和甲基丙烯酸类化学品的统称。亚克力板即聚甲基丙烯酸甲酯（PMMA）板材，俗称"有机玻璃"，但市场上有机玻璃鱼目混珠，有些所谓的"有机玻璃"其实是透明塑料，如PS、PC等。

亚克力板按生产工艺可分为浇铸型和挤压型两种，前者性能更好，价格也更贵。亚克力的特点如下。

1）透明度好，透光率达92%以上。

2）对自然环境适应性强，抗老化性能佳，不怕日晒、夜露、风吹、雨淋。

3）加工性能好，易加热成型，可染色、可喷漆、可丝印、可真空镀膜。

4）接触无毒，燃烧无毒。

因为亚克力生产难度大、成本高，所以在包装设计中，亚克力一般用于高档奢侈品，以表现其高透明度及厚重感（图4-26）。

图 4-25　塑料软管

图 4-26　亚克力一般用于高档包装

（6）泡壳。泡壳又称为泡罩、真空壳，是将透明的 PET、PVC 或 PETG 等塑料硬片采用真空高温吸塑成型，制成凹凸起伏透明造型罩于产品表面，起到保护及美化产品的作用。泡壳的类别及使用要点见表 4-8。

表 4-8　常见泡壳的使用要点

名称	特点	设计要点	图片
插卡泡壳	将纸卡与折过三边的透明泡壳插在一起，包装时不需要任何包装设备，只需工人将产品、泡壳和纸卡安放到位	1. 纸卡与折过边的泡壳大小合适，紧了易变形，松了易脱落； 2. 产品过重需订书钉加固	
吸卡泡壳	将泡壳热合在带有吸塑油的纸卡表面，需要使用吸塑封口设备将产品封装在纸卡与泡壳之间	1. 纸卡表面必须过吸塑油才能黏在一起； 2. 只能用 PVC 或 PETG 片材； 3. 包装物品不可过重	
双泡壳	用两张泡壳将纸卡与产品封装在一起，需要使用高周波机将双泡壳封边。其缺点是效率低、包装成本较高；优点是边缘整齐美观、产品外观高档	1. 只能用 PVC 或 PETG 片材； 2. 高频模具的好坏决定了双泡壳边缘的质量	

名称	特点	设计要点	图片
半泡壳	产品半露的双泡壳包装,适用于特别长的产品。需人工先将泡壳上露出产品的部位剪开,再用高周波机将双泡壳封起。其缺点是效率低、成本高;优点是视觉效果好,且可满足用户挑商品时直接触摸产品的需求	1. 忌易脏产品; 2. 只能用 PVC 或 PETG 片材; 3. 在泡壳上剪开孔时应注意边缘整齐	
对折泡壳	可以不采用高频封边工艺,而在泡壳的合适位置做上扣位或卡隼来连接双泡壳,必要时还可以打钉书钉	1. 因无高频机封边,所以边缘需在裁床上高质量裁切完成; 2. 推荐用 PET 硬片; 3. 扣位松紧度要适中	
三折泡壳	泡壳折成三个边,形成一个底边,以便产品能立在平面上。可以不采用高频封边工艺,而是在泡壳的合适位置做上扣位来连接泡壳,必要时还可以打钉书钉,适合大口径的产品包装	1. 因无高频机封边,所以边缘需在裁床上高质量裁切完成; 2. 推荐用 PET 硬片; 3. 扣位松紧度要适中	

塑料泡壳是一种成熟的包装材料,也常用作礼盒底衬,可用彩色 PVC(或 EVA、EPE)成型,成型后还可植绒加工,既高贵又不贵(图 4-27)。

塑料因其良好的性能与低廉的价位,在包装上得到了广泛应用,但对环境伤害很大,海洋、河流、土壤、空气都被塑料严重污染,以至于被《时代》周刊评为"最糟糕的发明"之一。因此,设计师需要充分熟悉各种塑料的特性,慎用塑料、用好塑料;消费者需要提高环保意识;科学家也需要努力研发可降解的塑料。目前能溶于水的塑料已经被发明,虽然技术还不成熟,但毕竟向前迈进了一步。

(7)人造革。人造革又称为"人造皮",是一种外观、手感类似皮革的塑料制品,可作为皮革的替代产品。人造革通常以织物为底基,涂覆合成树脂及各种塑料添加制成,是 PVC、PU 等人造合成材料的总称。虽然手感与弹性无法达到真皮效果,但具有样式多、防水性能好、边幅整齐、利用率高、价格低、环保等特点。

在包装上,人造革可用于精装书封面裱材。此外,一些个性包装也可用它来表现,不仅可以做礼盒提把,还可以做奢侈品包装,如手表、贵金属、高档酒盒、名笔等(图 4-28),既简约大方又有良好的手感。

三、金属

1810 年,英国人杜兰特发明了镀锡薄板(俗称马口铁)作为食品密封保存的方法,进而诞生了马口铁罐头。100 多年来,在技术上不断革新进步——板厚由 0.3mm 降到

图 4-27　礼盒底衬泡壳

图 4-28　人造皮包装

0.15mm；镀层从 10μm 降到 0.1μm，强度也提高了，有的还能适应深冲拉拔制罐。除镀锡薄板外，还有镀铬薄板和铝板，铝板（主要是铝锰与铝镁合金）因其良好的压延性和拉伸性，在 20 世纪 60 年代后被大量用于制罐。

金属罐除了需镀锡或铬外，还需要刷涂料。涂料类型见表 4-9。

表 4-9　金属罐常见涂料类型

位置	涂料名称	成分或类别	作用	特　　点
内壁	油树脂涂料	干性油（如亚麻油）加天然树脂按一定比例在高温下制备	包装食品不褪色	工艺简单，价格低，抗蚀性与附着性好。但焊锡耐热性差，有异味
	环氧和酚醛涂料	环氧树脂与酚醛树脂按一定比例配制	功能全面	柔韧性、抗蚀性与附着力好
	乙烯基涂料	以氯乙烯共聚物或聚氯乙烯树脂为主要原料	防止啤酒变浊、变坏	无色无味，致密性、柔韧性好，但附着性、热稳定性差
外壁	印铁底漆	低温底漆（如醇酸型）或高温底漆（如环氧氨基型）	增强马口铁与涂料的粘接	无色透明
	白可丁	醇酸型、聚酯型或丙烯酸型等	遮盖金属以利于印刷	罩在底漆上的白色涂料
	罩光漆	低温光油（如酯胶）或高温光油（如丙烯酸酯）	保护印刷图文，提高光泽度	印铁的最后一道工序
	防锈涂料	环氧酯型、油树脂型或热固性环氧型等	防锈，美观	用于罐盖、罐底及不需要彩印的罐身
	接缝涂料	环氧和聚酰胺型或聚烯烃型	用于焊接部位避免生锈	利用焊锡余热固化

食品金属包装按其产品类型可分为食品罐、饮料罐、饼干罐、茶叶罐、糖盒等，食品罐和饮料罐按其结构可分为三片罐和两片罐。其中，三片罐是指由罐底、罐盖和罐身三片组成；两片罐则是指罐盖为一片，罐身与罐底为一片。若在罐盖上冲压刻痕并铆上拉环就是易拉罐。

（1）马口铁。马口铁的正式名称为"镀锡薄钢片"，又称为"镀锡铁"。据说中国第一批洋铁是由澳门进口的，澳门的英文 Macau 音译为"马口"，所以称为马口铁。马口铁耐压抗冲击、柔软易加工、耐蚀性强，能高速焊接作业，易印刷涂装，适用于奶粉、茶叶、咖啡、罐头、饮料等食品的包装（图4-29）。马口铁其有高度的可加工性，做出的罐变化多样，可满足消费者多样化和个性化的需求（图4-30）。马口铁特别适合制作三片罐，原因有两个：一是密封性和不透光性极佳，能有效地保存维生素C；二是内壁镀锡层会与填充时残存于罐内的氧气相互作用，从而减少食品被氧化的机会，延长储存期。三片罐根据接缝方式，可分为锡焊罐、电阻焊罐和粘接罐；按内壁情况可分为素铁罐、部分涂料罐和全涂料罐。

图 4-29 在大型铁罐上加凹痕以保证受力不变形　　图 4-30 马口铁可塑性强且可加手提配件

马口铁因材质原因，在印刷上也与常规印刷方式不同。首先需借助印刷压力，经橡皮布将印版图文转印到马口铁上，属于平板胶印。由于其印刷特殊性，在印刷时对油墨有以下特殊要求。

1）油墨需有良好的附着力，因为用马口铁制成的包装通常需要使用剪裁、折弯和拉伸工艺。前面说过，印前涂白可丁可提高油墨附着力。

2）耐冲击、耐光、耐高温，保证多次烘烤、蒸煮都不变色。

（2）铝。铝用于包装的时间晚于铁，但因其质软、强度低，使金属包装产生了重大飞跃，主要包装形式有铝箔和两片罐。

铝箔是用纯度99.5%以上的铝制成，厚度为0.005~0.2mm。其优点是质轻、有光泽、反射力强、阻隔性好、不透气不透水、易加工、易印刷、对温度适应性强；其缺点是耐酸碱性差、不能焊接、易撕裂。铝箔可做防热绝缘包装，用在食品、医药、电子产品、奶制品、饮料等领域。

两片罐又称铝罐，诞生于20世纪中叶，是将罐身材料通过冲压拉伸成型的金属容器。根据冲拔高度，分为冲拔罐（高度小于直径）、多级冲拔罐（高度等于直径）和冲拔拉伸罐（高度大于直径，罐身厚度小于罐底厚度）。两片罐与三片罐相比，优点是罐身罐底一次成型，密封性更好，避免了铅污染，生产效率更高，更节省材料；缺点是对材料、工艺、设备要求高，包装的容量不会很大，包装的种类也很少。

四、玻璃

有个叫尼古拉·阿佩尔的法国人，曾在酸菜厂、酒厂、糖果店和饭馆当过工人，后来当了厨师。他偶然发现，密封在玻璃容器里的食品如果适当加热，就不易变质。于是经过10年的艰苦研究，终于在1804年获得成功，制成玻璃罐头。随后玻璃包装被大量生产，目前欧美、日本等发达国家的玻璃容器占整个包装市场的10%左右（图4-31）。

玻璃包装材料具有良好的化学稳定性，可以保证包装物的纯度和卫生，因其不透气、易于密封、造型灵活、有多彩晶莹的装饰效果等优点，所以得到了广泛的应用。因为是用钢模吹制，所以在容器的线形、比例及变化手法上有较大的发挥余地，而且玻璃瓶装入内容物以后，瓶身具有水晶般的透明感，显得华贵和富丽（图4-32），但同时也具有较低的耐冲击力、运输成本高、融制玻璃能耗较高等缺点。

图4-31 玻璃罐头被认为是
现代食品包装的开端

图4-32 玻璃很适合酒水包装

玻璃包装容器种类繁多，按不同的标准，分类情况也不同。按色泽可分为无色透明瓶、有色瓶和不透明的混浊玻璃瓶；按用途可分为食品包装瓶、饮料瓶、酒瓶等；按口径可分为细口瓶和广口瓶，前者主要装液体，后者主要装粉状、块状和膏状物品；按质感可分为亮面玻璃和磨砂玻璃（图4-33）。在制造玻璃时加入高档白料或高档瓷料就会制造出宛如白玉般质感的玻璃瓶，称为"白玉瓶"，一般用于化妆品或酒瓶（图4-34）。

图4-33 磨砂瓶

图4-34 白玉瓶

玻璃瓶与瓶盖密不可分，瓶盖材料主要有金属和塑料，有的还有垫圈。常见的瓶盖有皇冠盖、螺旋盖、扭断螺纹盖（防盗盖）、旋开盖等，一般由塑料或金属薄板制成，辅以聚氯乙烯垫圈、塑料薄膜、铝箔等。

五、木材

木制材料应用广泛，这是因为木材具有分布广、天然可再生、材质轻且强度高、有生命感、有一定弹性、能承受冲动和震动、容易加工等优点。但是，木材包装材料的组织结构不匀，具有各向异性，难以机械化生产，易受环境的影响而变形，并且具有易腐朽、易燃、易蛀等缺点（经过适当处理是可以减轻或消除的）。

木材包装以大型外销运输木箱为主，这类木箱有国际规格要求。木材可分为木板、木片、木丝等。木板可做成木箱、木盒等（图4-35）；木片可作为裱褙材料；木丝可做缓冲材料（图4-36）。

木材虽可再生，但不可滥用。

图4-35 木盒

图4-36 木丝

六、陶瓷

我国的陶瓷工艺具有精湛的制作工艺和悠久的历史传统。陶瓷包装材料硬度高，对高温、水和其他化学介质有抗腐蚀能力，其造型、色彩极具装饰性，多用于酒、泡菜等传统食品和工艺品的包装（图4-37）。为了便于制模和成型，一般造型变化不能过于复杂，力求饱满、圆滑，因而具有古朴、光洁的民族特色（图4-38）。不同价位的商品包装对陶瓷的性能要求也不同，如高级饮用酒茅台对陶瓷包装的要求就很高。

陶瓷包装材料有以下缺点。

（1）易碎，且回收成本较高。

（2）工艺较复杂，工序间连续化、机械化、自动化程度低。

（3）生产周期长、能源消耗高、生产过程中环保污染较大等。

七、布料

布料在包装上应用很广，既有棉、麻、丝等天然纤维，也有化学纤维，但全部用布料包装的时候比较少，一般都要与其他材料配合，体现其质感与仪式感（图4-39）。这里按照用途对包装用布进行分类，见表 4-10。

图 4-37　陶瓷很适合用于酒包装

图 4-38　陶瓷包装能表达古朴感

表 4-10　包装用布料分类

类别	作用或特点	可采用的工艺	注　意
裱褙布	方便印刷加工，增加质感	烫金、烙印等	可在布背面先裱一层薄纸使其硬挺
提袋布	又称无纺布，没有经纬感但有纤维感，耐磨不怕水，可重复使用	染色、套色网印、烙印	不宜烫印
衬布	提升价值感，遮蔽衬垫的粗糙与单调	无	无
缎带	配饰，改变视觉中心（图 4-40）	无	从整体设计思考
提绳	提供便利性	无	还有其他材质提绳可选择

图 4-39　布料包装

图 4-40　缎带

　　以上介绍的常见包装材料都是比较成熟的，掌握每种材料的特性与工艺是必需的，但材料与技术都是动态发展变化的，所以平时要多见识新材料、新工艺。再次强调，只有在选材上合乎主题、在制作工艺上可行、在制作成本上控制得当，才能设计出对的包装。

第二节 包装结构设计

每一个漂亮的包装背后都有系统的设计，就像建筑设计一样，人们看到的是外观，但其实还有很多看不到的隐蔽工程，它们共同构成一个完整的体系。在货架上看到的让人心动的包装，是需要一个完整的设计系统来支撑的。首先选择包装材料，然后采用合理、科学的包装结构，以保证产品在运输和储存过程中完好无损，而且包装不会被盗用，还要保证在使用过程中的便利性等。包装结构设计主要解决包装的科学性与技术性问题，处理好包装与商品、消费者、环境之间的关系。

一、包装结构设计步骤

在包装结构设计过程中，需要全面熟悉商品在生产及流通环节中的情况，其主要步骤如图 4-41 所示。

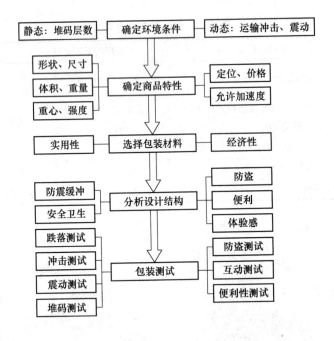

图 4-41 包装结构设计步骤

二、物流包装结构设计

有人买了 3000 元的显示器，结果在运输过程中损坏，但快递公司只赔了 300 元。由此可见，首先要确保商品在运输过程中的安全，必须做到防震、防尘、防撞、防掉、防压等，最主要的是防震或缓冲，下面介绍几种主要的防震方式。

（1）全面防震包装。全面防震包装即将内装物和外包装之间全部用防震材料填满，防止蠕动，适用于小批量、多品种、异形、零散商品的一次性包装。例如，用糠或米包装鸡蛋就属于全面防震包装结构，其几种主要形式见表 4-11。

表 4-11　全面防震包装的主要形式

形式	方　法	优　点	缺点
填充材料	将细条状、颗粒状、片状等材料（如 EPE、EPS）填充进去	轻、柔、弹、不霉、不蛀、无毒、卫生；适合临时性贵重物品	不适合大批量商品
现场发泡	用聚氨酯与聚合乙氰碳酯混合发生化学反应，发泡约 100 倍	不需要复杂设计和模具，不需要材料堆放，缓冲性能好，适合精密度高的贵重物品	成本高
模压成型	用模型将 EPS 颗粒压制成型，或者用将 EPE、PUR 块垫抽真空成型（图 4-42）	方便，只适合大批量生产	成本高
气泡衬垫	用气泡膜将被包装物品包裹	节省资源，操作简便	不环保
充气包装	很方便地充气和放气，不仅可循环使用，还可回收再利用（图 4-43）	充气 95%，可量身定做，经济、防潮、环保	暂无

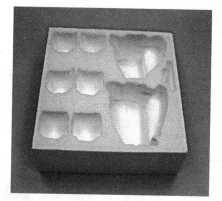

图 4-42　EPS 模压包装

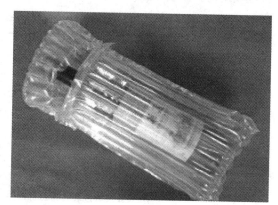

图 4-43　充气包装

（2）部分防震包装。对于整体性好的产品和有内装容器的产品，仅在产品或内包装的拐角或局部地方使用防震材料进行衬垫即可。所用包装材料主要有蜂窝纸板（图4-44）、泡沫塑料防震垫、角衬垫、棱衬垫、纸托（图4-45）等。

图 4-44　蜂窝纸板局部包装

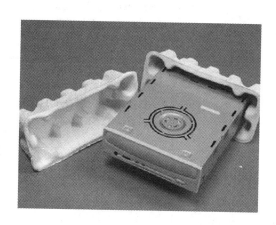

图 4-45　纸托局部包装

（3）悬浮式防震包装。对于某些贵重易损的物品，为了有效地保证在运输过程中不被损坏，首先要保证外包装容器比较坚固，然后用绳、带、弹簧等将被装物悬吊在包装容器内。在物流过程中，无论是什么操作环节，内装物都能被稳定悬吊而不与包装容器发生碰撞，从而减少损坏。

当然，防震缓冲的方法还有很多，在实际生活中可根据具体情况灵活运用。另外，在使用过程中也需要考虑对产品的保护，比如有些干果包装就有自封结构，打开后吃不完封住可防潮；水果包装箱可开小孔透气以防腐烂等。

三、防盗与便利包装结构设计

为了防止一些包装（如食品、饮料、酒水等包装）被回收装入其他同类劣质产品中，以假充真、以次充好，在包装设计时需设计一些包装结构以防盗窃行为。防盗包装可用一些技术，如信号显示技术：原封为绿色，开启后为红色。在包装结构上，主要是采用非复位包装结构，见表4-12。

表4-12 非复位包装结构

方法	原　　理	主要适用包装类别	图片
扭断式瓶盖	让瓶盖和其连接带断裂，从而使瓶盖开启后不可复位	瓶类包装	
胶质定位法	利用胶黏剂对包装容器的封口件（盖、塞等）进行融合，一旦开启再也难以恢复原位	玻璃、陶瓷、拉罐类等包装	
显开痕法	将开启处压痕为一定形状，一旦开启就有明显变化，不可还原	纸盒包装、易拉罐等	
封签法	通过在瓶盖与瓶口处喷墨打印或加封防伪标志，一旦扡开或使用后，这部分就损坏，不可复位	食品、电子产品等	
组合定位法	综合利用几种非复位包装方法	高档酒水	

包装除了需有安全性外，便利性也是非常重要的，在设计时也需考虑。例如，在瓜子袋上端开个口，方便悬挂展示；在包装顶部或底部开个缺口，方便撕开；加提绳和提手方便携带；运动型饮料（如尖叫、农夫山泉等）还设计了单手开盖饮用的瓶盖；等等。

四、纸包装结构设计

在众多包装材料中，纸作为包装材料不仅有着悠久的历史，而且占有相当大的市场比重。纸材料之所以有如此大的发展潜力，是因为它有着其他材料无法比拟的性能，可以满足各类商品的要求。例如，便于废弃与再生的性能、印刷加工性能、遮光保护性能，以及良好的生产性能和复合加工性能。随着社会的发展，人们对纸包装结构形态不断提出新的要求。

单独把纸材料的结构设计作为一个小节来讲，就是因为它的结构有很多设计空间，不论是防震、缓冲，还是便利、防盗，抑或是用户体验等都能进行相应的设计。根据用途和造型的不同，可以将纸包装结构概括为以下4种：纸盒包装结构、纸箱包装结构、展示盒包装结构、纸袋包装结构。其中，纸盒包装结构又可以分为折叠纸盒结构和硬纸盒结构两种。

（一）纸盒包装结构

首先看折叠纸盒，折叠纸盒一般不大量使用黏合剂，而是用纸板互相拴接和锁口的方法使纸盒成型和封口。由于折叠纸盒具有盛装效率高、方便销售和携带、可供欣赏、生产成本低，以及使用前能折叠堆放而节约仓储和运输费用等优点，因此在包装中得到广泛采用。其典型结构展开图及各部分名称如图4-46所示。简单地讲，6个展示出来的面称为"板"，看不见的面称为"翼"。

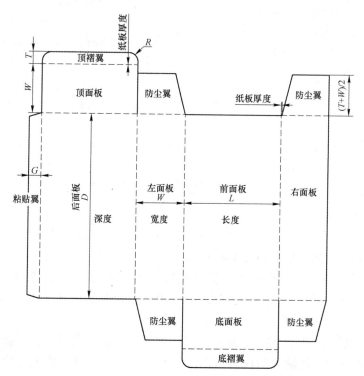

图 4-46　折叠纸盒展开图术语（管式）

折叠纸盒可分为管式折叠纸盒和盘式折叠纸盒两大类。其中，管式折叠纸盒通常是指高度大于长度和宽度的纸盒，这类纸盒的特点是盒体连续旋转成型，盒身呈竖直状，适宜于酒、化妆品、药品立式瓶等的外包装。例如，牙膏盒就是典型的管式折叠纸盒。

常见管式折叠纸盒封口结构见表4-13。

表4-13 管式折叠纸盒封口结构

名称	原理	特点
摩擦式（插入式）	利用插舌与防尘翼、体板之间的摩擦力实现并保持封口，5mm的肩可产生摩擦效果	反复开启、封盖方便，但封口强度及可靠性较差，适用于小型、轻量和日常用品、医药品的包装
插卡式	在折翼折痕边切开一段（一般是8mm），即可将插舌与盒体锁住	插舌半径圆弧的起点让开了半张纸厚，这样插舌更容易插进盒身。盒长面的深度是高于盒宽面一张纸厚的，目的是纸盒成形后减少盒盖的弹性，使盒盖更挺刮
锁口式	将相对的面板一边做成凸型，另一边开口以便插入锁住	强度及可靠性较高，但反复开启、封盖不太方便
插锁式	插入式和锁口式相结合	封口强度高，可靠性强，适用于较重内装物的管式包装纸盒
襟片连续插别式	每个襟片的廓形都是图案的一部分，插别后形成精美的图案	美观，适合展示陈列
撤压式	利用纸板自身强度和挺度，以盒体上的直线或曲线压痕为撤压变形线，撤压下封盖的襟片，实现封口	包装操作简便，节省纸板。造型设计丰富，但仅能装小型轻量物品
黏合式	是用与体板相连的襟片互相黏合实现封口的方式，有单条涂胶和双条涂胶的黏合结构	封口性能好，开启方便，适合高速全自动包装机
快速锁底式	又称"123底"，利用几片纸板互相扣压从而锁住盒底	结构简单，造价低，适用于长方形、正方形截面的管式折叠纸盒封底，承重能力较强，操作方便，应用广泛
自动锁底式	指管式折叠纸盒及其盒底既能折成平板状，也能在盒体撑开的同时，使盒底自动恢复成封合状态，不需要另行组底封合	适用于自动化生产的盒底结构，特别是在线折方盒上应用广泛。但结构较复杂，如果产量低于2万个则成本较高

常见的管式折叠纸盒有以下几类。

（1）反向插入式盒型，即R. T. E纸盒，为reverse tuck end 的简写。它可称为纸包装盒的鼻祖，是最原始的盒型，如图4-47所示。

还有一种反向插入式盒型称为"法国式反向插入式"，国际标准名称为"FRENCH REVERSE TUCK END"，简写为FRENCH R. T. E，实际上是将R. T. E盒型做镜像处理，如图4-48所示。

法国式反向插入式的盒盖是从盒前面向盒背面盖。它的优点是使纸盒的主要展示面（前面）保持完整性，使设计的内容可以延伸到盒盖，该盒型已经成为化妆品盒的专用盒型。

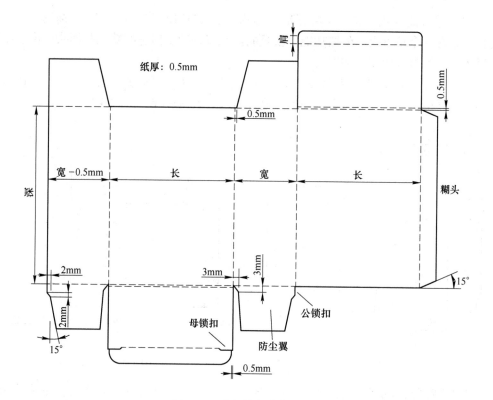

图 4-47 反向插入式盒型

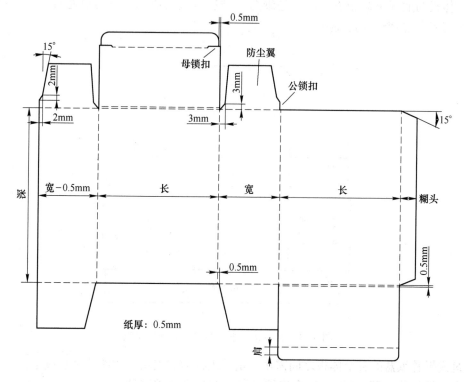

图 4-48 法国式反向插入式盒型

（2）笔直插入式纸盒，国际标准名称为"STRAIGHT TUCK END"，简写为 S. T. E 。这种盒型有一个很重要的附加功能，就是能做开窗处理。但它的缺点是两头凸出，排版模切时较浪费纸材，如图 4-49 所示。

另外一种笔直式纸盒因其展开图形似飞机，所以又称为"飞机式"（APPLANE STYLE）盒型，它的功能和用途基本与笔直插入式纸盒一样，如图 4-50 所示。

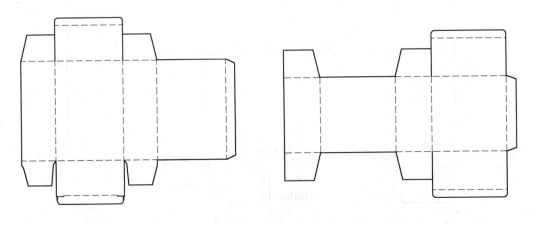

图 4-49　笔直插入式纸盒　　　　　　　图 4-50　飞机式纸盒

（3）盘式折叠纸盒，它是由一页纸板四周以直角或斜角折叠而成的，主要适用于包装鞋帽、服装、食品和礼品等。常见盘式折叠纸盒的基本构成及各部分名称如图 4-51 所示，其体板与底板整体相连，底板是纸盒成型后自然构成的，不需要像管式折叠纸盒那样，由底板、襟片组合封底。

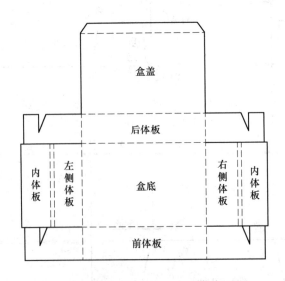

图 4-51　常见盘式纸盒结构及展开图术语

盘式折叠纸盒的各个体板之间需用一定的组构形式连接，才能使纸盒成型，具体成型方法有对折组装（图 4-52）、锁合连接（图 4-53）和罩盖三种。

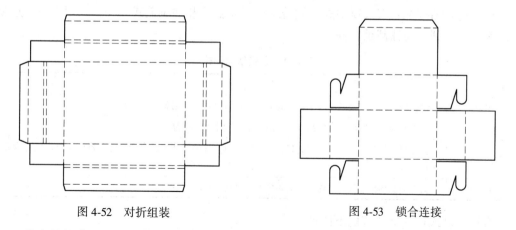

图 4-52 对折组装   图 4-53 锁合连接

基本的锁合连接结构有直插式、斜插式和折曲插入式 3 种，如图 4-54~图 4-56 所示。

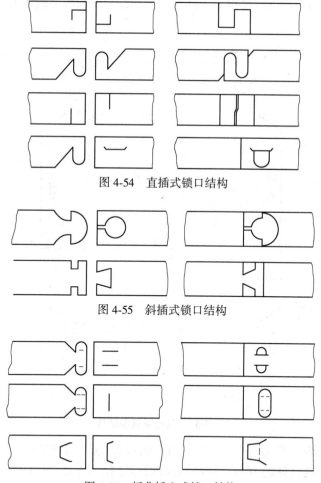

图 4-54 直插式锁口结构

图 4-55 斜插式锁口结构

图 4-56 折曲插入式锁口结构

罩盖也称套盒，由盒盖、盒体两个相互独立的部分组成。其中，盒盖、盒体都是敞开式结构，盒盖的内尺寸略大于盒体的外尺寸，以保证盒盖能顺利地罩盖在盒体上。罩盖盘式折叠纸盒多用于鞋帽、服装及集装式商品的包装。

罩盖包装结构主要有天罩地式、帽盖式、对扣盖式和抽屉盖式几种，见表4-14。造型可以是三棱柱到多棱柱甚至圆柱。

表4-14 罩盖结构形式

罩盖形式	特 点
天罩地式	盒盖较深，其高度基本等于盒体高度，封盖后盒盖几乎把盒体全部罩起来
帽盖式	盒盖较浅，高度小于盒体高度，一般只罩住盒体上口部位
对扣盖式	盒体口缘带有止口，盒盖在止口处与盒体对口，外表面齐平，盒全高等于盒体止口高度与盒盖高度之和
抽屉盖式	盒盖为套形独立件，盒体可在套盖内抽出推进，实现封盖

常见的盘式折叠纸盒有以下四种。

（1）双边墙盒型，英文名称为"double side wall"。顾名思义，该盒型的盒边结构是双重的。双边墙盒型生产方式简单，各部位收头完整，一般都会做成上下盖，形成天地罩盖盒型，如图4-57所示。

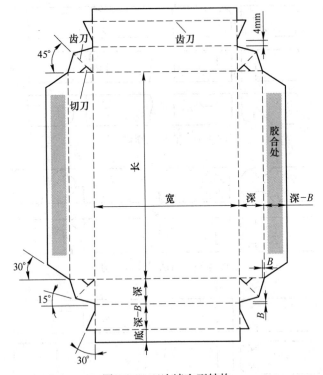

图4-57 双边墙盒型结构

注意，胶合处因为要向内折叠与盒深面形成双面，所以它的最大值不能超过盒深减去纸张厚度。另外，胶合处的30°斜线画的是盒的母锁扣，与之对应的公锁扣是4个凸出的三角翼，角度同样为30°。

（2）脚扣盒型，英文名为"foot lock"，脚扣盒型中的脚扣既有脚的作用，也有锁扣的作用。在盒的锁扣结构中，公锁扣尺寸比母锁扣尺寸小一些，具体的做法是：公锁扣向扣的内侧画15°，而母锁扣向扣的外侧画15°。要注意的是，4个固定翼在折叠成型后不能影响锁扣的锁合，即盒中所示"C"与"C-2B"的尺寸关系，如图4-58所示。

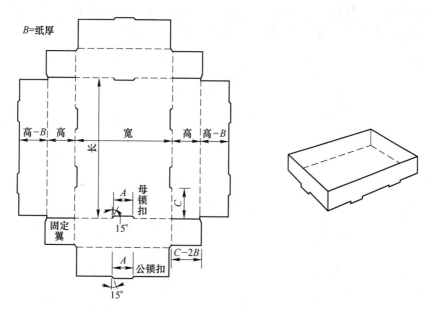

图4-58　脚扣盒型结构

（3）四点胶合盒型，这是一种最简单又最具价值的盒型，在美国被称为"beer tray"，但一般不用于包装啤酒，主要用于包装衬衫、毛衣、食品和玩具等。四点胶合盒最大的特点是盒底与盒盖的尺寸完全相同，能够完美吻合，不像其他盘式盒型，盒盖必须比盒底大，如图4-59所示。

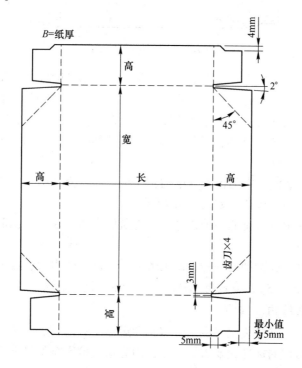

图4-59　四点胶合盒型结构

（4）六点胶合盒型，该盒型是在四点胶合盒型的基础上进行变化和延伸的设计，广泛运用于冷冻食品、鱼虾、海鲜、蔬菜的包装。需注意的是，盒盖宽比盒底宽大了两张纸厚，圆形缺口的作用是方便以手指打开盒盖，如图4-60所示。

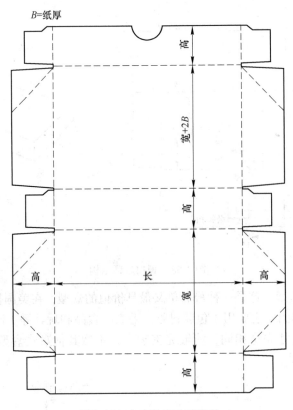

图 4-60　六点胶合盒型结构

至于硬纸盒，又称粘贴纸盒或固定纸盒，基材一般用挺度较高的非耐性折纸板或其他板材，然后用贴面材料裱褙而成，成型后不能折叠存放，只能以固定的盒型运输和仓储。它比一般的折叠盒有更好的强度和漂亮的外观，给人一种高级名贵之感，常用于高档商品和礼品的包装。常见的硬纸盒结构除了有前面已介绍的罩盖式、抽屉式之外，还有抽盖式、摇盖式及异形盒几种。

抽盖式采用古典装潢盒中的仿木盒结构，厚纸板环三面开槽，上裱锦缎，对材料要求很高，一般用作高档物品包装，如图4-61所示。

摇盖式是硬纸盒中较常见的一种式样，底与盖后身连接在一起，形同衣箱，合拢开启方便，如图4-62所示。

异形盒是硬纸盒中最精细的一种，做工考究，设计空间很大，或者在造型上创新，或者在结构上创新（图4-63），或者将几种结构结合在一起（图4-64）。

（二）纸箱包装结构

纸箱不同于纸盒，其包装主要应用于储备和运输。

纸箱设计对于结构的标准化要求很严格，因为这直接影响货场上的整齐放置、货架上容积的有效利用，以及集装箱的合理运输，应避免封口处开裂、鼓腰、结合部位破损等问题。这里参照 FEFCO-ESBO（欧洲包装板制造工业联合会与欧洲硬纸板组织）国际通用瓦楞纸箱设计代码简单介绍瓦楞纸箱的常见结构，大致可分为开槽型、套盒型、折叠型及附件。

图 4-61　抽盖式硬盒

图 4-62　摇盖式硬盒

图 4-63　异形硬盒

图 4-64　罩盖+抽屉式硬盒

（1）开槽型纸箱（02 型），又称对口盖箱，是纸箱中常用的最普通的造型结构。它是由一片瓦楞纸板组成的，无独立分离的上下摇盖，通过钉合、黏合或用胶带粘接等方法将箱坯接合制成箱体，箱体上下摇盖可以很方便地构成箱底和箱盖。纸箱制成成品后在运输储放时可折叠展平，使用时将箱底箱盖封合即可。这种纸箱有 20 多种式样，使用时如果需要特殊的结构保护，还可以在设计的基础上进行更改，其主要结构见表 4-15。

表 4-15　FEFCO-ESBO 02 型纸箱主要结构

型号	优点	缺点	主要用途
0201	成型简单，材料利用率高，成本低	强度差，密封性差，需用胶带或捆绳封箱	市面上最常见的箱型，如快递箱，不宜装太重物品
0207	箱板与卡板一体化设计，分隔保护物品	只能手动成型	分隔包装物品

续表4-15

型号	优点	缺点	主要用途
0211	封装简单, 不用辅材	只能手动成型	类似于反向折叠纸盒, 不宜装太重物品
0217	快速锁底, 封装开启皆方便; 一体化提手, 携带方便	材料利用率低	礼盒

（2）套盒型纸箱（03型），一般由两片或两片以上的瓦楞纸板组成，如图4-65所示。其特点是箱体与箱盖分离，使用时才套接起来构成箱体，箱体正放时，箱盖可以部分或完全盖住箱体。这种箱型比较适合于堆叠负载强度要求较高的包装，其式样有20多种。

（3）折叠型纸箱（04型），通常由一片纸板组成，不用订合或粘合，如图4-66所示，有50多种盒型，基本是盘式结构。

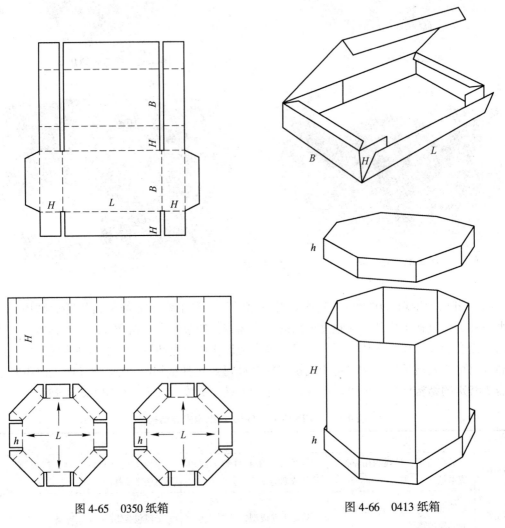

图4-65　0350纸箱　　　　　　　图4-66　0413纸箱

（4）纸箱附件（09型），如纸护角、隔板等，见表4-16。

表4-16 FEFCO-ESBO 09型纸箱附件主要结构

型 号	号 段
平板型	0900-0903
平套型	0904-0910
直套型	0913-0929
隔板型	0930-0935
填充型	0940-0967
角衬型	0970-0976

（5）其他的箱型，如滑盖型（05型，如图4-67所示，由两种型号的配件组合而成，有10种箱型）、固定型（06型）、自动型纸箱（07型），如图4-67~图4-69所示。

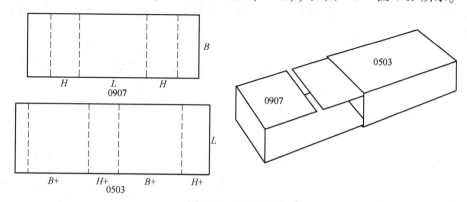

图 4-67 0509 纸箱

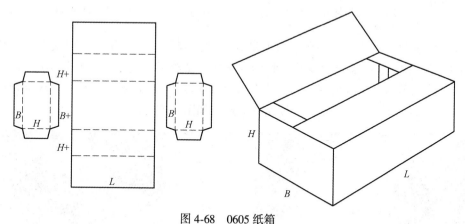

图 4-68 0605 纸箱

（三）展示盒包装结构

展示盒包装又称陈列式纸盒，也称POP包装盒，着重体现包装的促销功能，既可供广告性展示陈列，又能充分显示出包装物的形态，其结构主要有以下几种。

（1）吊挂孔。在包装上设计吊挂孔，以便在货架上悬挂展示商品。吊挂孔与内装物重心应在同一条纵垂线上，如图4-70所示。吊挂孔的形式主要有圆形、圆角矩形、圆角三角形和"卜"形四种。

（2）窗口。在包装上开窗，在窗口上蒙贴透明薄塑料片或玻璃纸等，使内装商品得

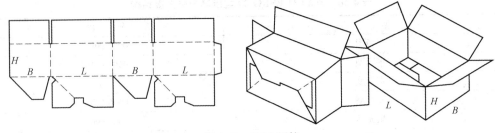

图 4-69 0711 纸箱

以展示，消费者可在不触摸商品的情况下观察、挑选商品，如图 4-71 所示。开窗有一面、双面或三面开窗结构，开窗的位置要以充分展示内装商品为原则。窗口的廓形要增强装饰性，如梅花、心形等。窗口开设的位置、大小和形状要与纸盒装潢图案、文字及盒内衬板结构统一协调设计。

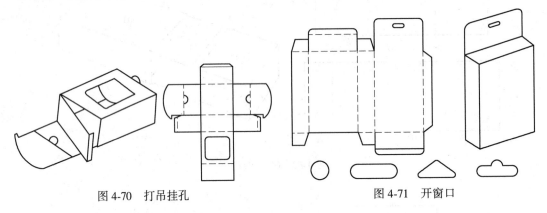

图 4-70 打吊挂孔   图 4-71 开窗口

（3）展示牌。展示牌是指在纸盒上设计的用以制作图案、印刷说明文字及宣传用语等的板牌式结构，在折叠纸盒结构上稍加变化即可做成板牌式结构，如图 4-72 所示。

（4）陈列展示台。陈列展示台是在有支撑的形式下展示商品。通常做成半裸露式的包装，很适合吸引消费者目光、宣传品牌形象，如图 4-73 所示。

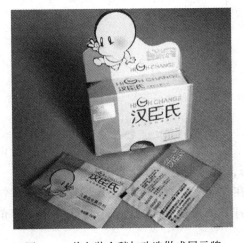

图 4-72 将包装盒稍加改造做成展示牌

图 4-73 半裸露式包装

（四）纸袋包装结构

纸袋是一端或两端封口的袋型纸质包装容器，一般由牛皮纸、纸袋纸、覆膜纸、镀铝纸、鸡皮纸和铜版纸等制成。最常见的纸袋是平底纸袋，袋的底部呈方形，纸袋撑开后可直立放置，不用时能折成平板状。平底纸袋既可用于零散商品的包装，也可用于外包装，使用方便、装潢精美，对商品促销有直接的作用，其结构如图4-74所示。

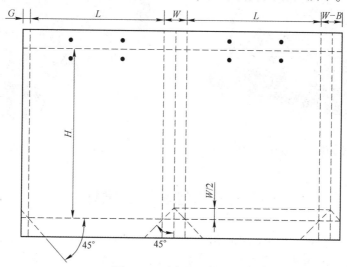

图4-74 平底纸袋结构

图4-75所示的这款礼盒包装没有明确的产品，属于典型的通用型食品礼盒，从材料及工艺上都体现出高端上档次的调性。在结构上，采用抽盖式粘贴硬纸盒，为了方便抽出，在抽板中间粘了一个黄色的绸带扣。在材料上，盒底与盒周围使用中纤板覆以特种纸，中纤板虽然强度很大，但不适合异形加工，所以盒子正面采用工业纸板，上下两片分别裱以龙纹锦缎和银色菊纹纸，中间贴上一片碗型四色宫廷宴会图，碗型周围烫镭射流沙金，文字则以专色印刷。由此可见，该包装成本较高，而且在中纤板上开槽做抽板轨道，报废率高，是这款设计的美中不足之处。

图4-75 通用食品礼盒设计（由成都同意包装设计公司提供）

图 4-76 和图 4-77 所示的两款包装用材大同小异，但结构更为科学，材料上未用锦缎，工艺上采用了凹凸加工。

图 4-76　通用礼盒设计（一）

图 4-77　通用礼盒设计（二）

第三节　包装容器设计

包装容器造型设计，即空间几何形态的设计，没有容器本身，一切装潢都失去了依存的条件。一个漂亮的包装，其基础在于容器造型的形态美，如果造型本身不美，即使包装再美也掩盖不了形体的缺陷。并且现代的容器设计已不是普通意义上的容器了，一件好的容器不仅能引起人们心情的愉悦和对美的联想，而且能点缀人们的生活、影响人们的观念、促进社会的进步。

因为生活或工作的需要，产生了各式各样的容器，它们为人类生活提供了方便。其中，有以实用为目的的，有以观赏为目的的，也有既实用又可陈列观赏的。现代容器设计的目的是既要适应社会的实用性需要，又要满足人类社会对美的需要（图 4-78）。容器应用的范围很广，其中以食品类、酒类、化妆品类的容器设计为主。

图 4-78　包装设计既要实用又要美观

容器可分为硬质包装容器和软质包装容器，前者主要以陶瓷、玻璃、金属等为原材料，通过模具热成型工艺制成瓶、罐、盒、箱等，这类容器成型后硬度大、防水、化学稳定性好，被大量用于酒、饮料、医药、化工等产品，以及防潮湿、防氧化等保护性要求很高的商品包装上。

一、包装容器造型的设计要点

（1）包装容器的空间。包装容器的空间有限，它是由物体的大小和距离来确定的。容器除了它本身所应有的容量空间外，还有组合空间、环境空间。因此，在容器造型过程中，还应考虑容器与容器排列时的组合空间，并考虑陈列时的整体效果，如图4-79所示。

图4-79　考虑卖场陈列效果

（2）包装容器与形体的变化。容器造型的线形和比例，是决定形体美的不可或缺的重要因素，而容器造型的变化则是强化容器造型个性所必需的。

1）线形。线条是造型的基本元素，基本线条有直线与曲线，它们造就了容器的方与圆，将曲线和直线组织在一起，可以形成既有对比又协调的整体。图4-80所示的容器造型，用的就是优美的流线形，整个瓶型看上去简约、耐看、大气；图4-81所示的容器造型将直线与曲线相结合，整个瓶型圆中有方、方中有圆，非常优雅。

2）比例。指容器各部分之间的尺寸关系，包括上下、左右，主体和副体，整体与局部之间的尺寸关系。容器各个组成部分（如瓶的口、颈、肩、腰、腹、底）比例的恰当安排，直接体现出容器造型的形体美。确定比例的根据有体积容量、功能效用、视觉效果等。

图4-80　流线形造型

3）变化。容器造型有柱体、方体、锥体、球体4种基本形，造型的变化是相对以上的基本形而言的，没有基本形，变化也就失去了依托。由于单纯的基本形比较单调，因此用或多或少的变化加以充实、丰富，能够使容器造型具有独特的个性和情趣。改变容器造型的手法有以下几种。

①切削。对基本形加以适当的切削，使之产生面的变化，切削部位的大小、数量和弧度的不同可使造型产生丰富的变化，如图4-82所示。

②空缺。根据便于携带提取的需求，或者单纯为了视觉效果上的独特而进行虚空间的处理。空缺部位可在器身正中或器身的一边，其形状要单纯，一般以一个空缺为宜，避免纯粹为追求视觉效果而忽略容积的问题。如果是功能上所需的空缺，应考虑到符合人体的

合理尺度，如图 4-83 所示。

图 4-81 直曲线相结合

图 4-82 在基本形上切削

③凹凸。凹凸程度应与整个容器相协调，既可以通过在容器上加一些与其风格相同的线饰，也可以通过规则或不规则的肌理在容器的整体或局部上产生面的变化，使容器出现不同质感或光影的对比效果，以增强表面的立体感，如图 4-84 所示。

图 4-83 空缺造型

图 4-84 凹凸造型

④变异。相对于常规的均齐、规则的造型而言，变异的变化幅度较大，可以在基本形的基础上进行弯曲、倾斜、扭曲或其他反均齐的造型变化，如"歪嘴"酒就曾风行一时。此类容器一般加工成本比规则造型要高，因此多用于中高档的商品包装，如图 4-85 所示。

⑤拟形。通过对某种物体的写实模拟或意象模拟，获得较强的趣味性和生动的艺术效果，以增强容器自身的展示效果。但要注意造型一定要简洁、概括、便于加工，如图 4-86 所示。

图 4-85　扭曲造型

图 4-86　拟形造型

　　⑥配饰。可以通过与容器本身不同材质、不同形式所产生的对比强化设计的个性，使容器造型设计更趋于风格化。配饰的处理可以根据容器的造型采用绳带捆绑、吊牌垂挂（图 4-87）、饰物镶嵌等，但要注意配饰只能起到衬托点缀的作用，不能喧宾夺主，影响容器主体的完整性。

　　4）雕塑。可用雕塑或传统陶艺的方法设计容器，如图 4-88 所示。

图 4-87　吊牌垂挂

图 4-88　陶艺造型

　　在进行以上任何一种变化时，都必须考虑到生产加工上的可行性。因为复杂的造型会使开模有一定的难度，而过于起伏或过于急转折的造型同样会令开模变得困难，造成废品率的增加，这些都会相对提高成本。同时还必须注意造型对于材料的特殊要求。

二、容器与人体工程学

设计以人为本，设计的对象不是包装本身，而是人，因此要考虑使用的便利性，其中的重要体现就是与人体工程学相结合。

手对容器的动作总结起来有把握动作（开启、移动、摇动）、支持动作（支脱）、触摸动作（探摸）3 种。根据手掌的人体工程学尺寸（表 4-17），适宜抓握物体的直径为 6.5~14cm（图 4-89）。一般来说，容器的直径最小不应小于 2.5cm，最大不应大于 9cm（图 4-90），如果容器需要用的握力很大，其长度就要比手的宽度长。现在的瓶盖是标准化生产，有很多专门生产瓶盖的企业有统一尺寸可供选择，所以瓶口和瓶盖的设计尺寸不可随意变化。

表 4-17　成年人手掌尺寸　　　　　　　　　　　　　　（cm）

尺寸	男	女
手长	19±1.5	18±1.5
手宽	8.7±1	7.7±1
掌长	10.5±1	9.5±1

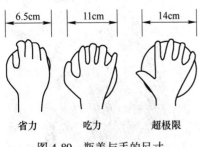

图 4-89　瓶盖与手的尺寸

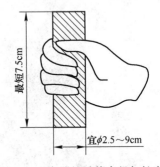

图 4-90　容器的最佳直径与长度

第五章 系列化包装设计与包装的印刷工艺

第一节 系列化包装设计

系列化包装又称"家族式"包装，是指把同一企业或品牌下不同种类的产品用一种统一的形式、形象及标识等进行统一的包装设计，使造型各异、用途不一却又相互关联的产品形成一个家族体系。它们呈现出共同的特点，这种共同的特点突出了产品包装的共性，在视觉上形成了一个"家族"的感觉，而每一件商品包装的个性又能使消费者分辨出它们之间的差别，就好像是看到一个大家族的兄弟姐妹一样。在各大商场货架上琳琅满目的商品中，经常可以看到同一类产品的包装设计十分相似，它们要么只是颜色发生了改变，要么只是新增了一点文字说明等，使商品包装呈现出一个系列，这种系列化包装方式越来越受到生产厂商的青睐。

系列化包装的优势有以下几点。

（1）有利于品牌的树立与推广。它是将同一商标统辖下的所有商品在形象、色彩、图案和文字等方面采取共同性设计，使之与竞争企业的商品产生差异，更易识别，不仅有利于形成品牌效应，还有利于提高知名度、扩大销售、降低成本（图5-1）。

图 5-1 系列化包装有利于品牌的树立与推广

（2）有良好的陈列展示效果。系列化包装强调商品群的整体面貌设计，因此声势浩大、特点鲜明、整体感强，放在货架上形成大面积展示空间，能产生较强的视觉冲击力（图5-2）。这种群体美、规则美和强烈的信息传达，能让消费者立即识别和记忆，并加深印象，提高产品竞争力。

（3）有较好的广告宣传价值。前面提到过，包装是广告的另类媒体，是终极广告，而

图 5-2 系列化包装有良好的展示陈列效果

系列化的包装就像系列化的广告，因其"家族"特性，似曾相识又略有区别，不断地刺激消费者的眼球，加深印象，在商品宣传中能取得"以一当十"的效果，大大提高了广告效果的附加值。

（4）有利于新产品的开发。当一个产品在市场上获得消费者的信任时，很有可能引起重复购买，也会使消费者对其系列的其他产品产生好感（当然，一荣俱荣、一损俱损，需特别注意经营），于是推出新产品时就能减少一些宣传费用。因此，在追求个性化、差别化的同时也必须形成有机的整体。

那么该如何设计系列化包装呢？其实就是"统一与变化"，主要有以下几点。

（1）突出品牌标识。品牌标识是企业形象和产品形象的核心，是商品的标记，是信誉的载体。在系列化包装中可将品牌标识放在醒目位置进行强化，同时弱化其他元素，让消费者快速识别（图5-3）。

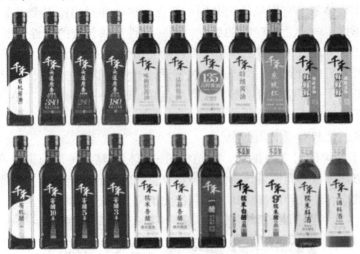

图5-3 千禾味业系列包装

（2）规范版式。将品牌标识、图形和文字的相对位置统一，并在此基础上做出变化，是"家族化"包装设计的常用手法之一（图5-4）。

（3）把握色调。可根据具体商品的类型和特征，以某种色调或品牌专用色作为一个系列包装的主色调，然后在次要颜色中做出变化，使消费者从色彩上识别品牌和产品（图5-5）。当然，也可以在版式相同的基础上用不同的色彩区别产品。

图5-4 规范版式

图5-5 把握主色调

（4）统一图形风格。无论图形是照片还是插画，在设计中都应把握其风格的一致性及表现技法的统一性（图5-6）。

（5）统一造型特征。包装的外观造型是展示商品、塑造产品形象的有效手段，在包装中注入赏心悦目的外观造型是十分必要的。在系列包装中统一造型风格但又有一些大小、色彩等的变化，也能成为整体性比较强的一个系列（图5-7）。

图5-6　统一图形风格

图5-7　统一外观造型

第二节　包装印刷工艺

精美的包装既需要精心设计，也需要精心制作，包装制作的一个重要环节就是印刷工艺。包装印刷工艺是包装设计的物化过程，是商品进入流通领域前的重要环节，是提高商品的附加值、增强商品竞争力、开拓市场的重要手段和途径。普通四色印刷一般都满足不了包装印刷的需要，所以设计者应该了解必要的包装印刷工艺知识，使设计出的包装作品更加具有功能性和美观性。

印刷缘于印章，印章在战国时代就已出现，随后出现了拓印，也就是印刷的雏形。唐朝时出现了雕版印刷，是中国古代印刷的主流。宋朝毕昇发明了活字印刷术，用胶泥烧制活字。元代王祯发明了木活字并设计了"转轮排字架"，撰写了《农书·造活字印书法》。明朝出现了铜活字。1440年，德国人古登堡发明了铅活字和脂肪性油墨，成为现代印刷术的创始人。从1845年到20世纪中叶，全世界基本都实现了印刷工业机械化。随着计算机的发展，"桌面印刷系统"成为主流，未来印刷必向绿色、服务、高效、数字化、智能化方向发展。需要强调的是，包装和标签印刷领域将持续旺盛增长。

一、印刷工艺流程

包装装潢质量取决于两大因素：设计与印刷工艺。设计只有与制版、印刷密切配合才能达到预期目的。设计者需熟悉印刷工艺流程，在设计时应考虑使用哪种印刷方法，采用哪些加工工艺。在包装成型之前，需要经过一系列有序的印刷加工工作，一般流程如图5-8所示。

为了提高印刷质量和生产效率，在印刷前应注意查看设计稿有无需要增删或调整的内容，以及文字和线条是否完整；检查套版线、色标及各种印刷和裁切用线是否完整等。只有这样，才能提高生产效率，保证印刷的顺利完成。

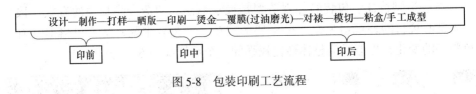

图 5-8 包装印刷工艺流程

二、包装印刷工艺

包装印刷是印刷行业中一个重要的类型，除了传统的方法外，还有很多新的印刷方法（如全息印刷、喷墨印刷、不干胶印刷等），再加上后期加工工艺，使包装除了保护功能外，还具有一定的设计传播作用。

（1）印刷方法。纸包装印刷的方法有很多种，传统的印刷方法主要有凸版、凹版、平版、丝网印刷等几类。此外，还有一些新的印刷方法也需要了解。所采用的印刷方法不同，操作不同，成品的效果也不同。

1）凸版印刷。凸版印刷是最早的印刷技术，雕版印刷、活字印刷其实都可以算是凸版印刷。凸版印刷是指图文部分高于非图文部分，墨辊上的油墨只能转移到图文部分，而非图文部分则没有油墨，从而完成印刷品的印刷（图 5-9）。凸版印刷机有平压平型、圆压平型、圆压圆型 3 种。如果文字多、图像少，或者文字的更改次数多，印品数量不大，则可用凸版印刷；印图片最好选用铜版纸，才能获得较完美的网点。

需要强调的是，凸版印刷中有以橡胶板或感光树脂版作为印版的，称为"柔版印刷"，因其印速快、印制材料范围广、印刷质量好，所以在包装印刷领域被广泛应用，甚至有与烫印、模切一体化的柔版印刷机。

2）凹版印刷。与凸版印刷相反，凹版印刷是图文部分低于非图文部分，形成凹槽状。油墨只覆于凹槽内，印版表面没有油墨，将纸张覆在印版上部，印版和纸张通过加压，将油墨从印版凹下的部分传送到纸张上（图 5-10）。按印刷幅面，有单张纸印刷与卷筒纸印刷之分，现在以后者居多。为提高效率，往往还配置一些辅助设备，如印书刊可配折页设备、印包装可配模切设备等。凹版印刷的印制品具有墨层厚实、颜色鲜艳、耐印率高、印品质量稳定、印刷速度快等优点，适合印制高品质的产品，不论是彩色图片还是黑白单色图片，凹版印刷都能高度复原摄影照片的效果。

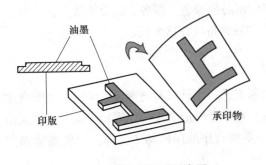

图 5-9 凸版印刷原理示意图

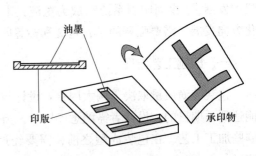

图 5-10 凹版印刷原理示意图

3）平版印刷。平版印刷又称"胶印"，印版的图文部分和非图文部分保持表面相平，利用油水互不相溶的原理，图文部分覆一层富有油脂的油膜，而非图文部分则吸收适当水分。上油墨时，图文部分排斥水分而吸收油墨，非图文部分因吸收了水分而形成抗墨作用（图5-11）。最新的平版印刷工艺是无水胶印，省去了不易控制的水，不仅墨色均匀、饱和度高，而且生产效率高，有可能代替传统的有水胶印。

平版胶印对纸质的要求不像凸版印刷那样高，只要不过于粗糙即可，并且印刷效果比凸版柔和圆润（马口铁也是采用凸版印刷）。胶印版经得起压磨，可达上百万印次，是印版种类中使用时间最长的。但该印刷品具有线条或网点中心部分墨色较浓、边缘不够整齐、色调再现力差、鲜艳度缺乏等特点。由于平版印刷的方法操作简单、成本低廉，因此成为目前印刷领域使用最多的方法。

4）丝网印刷。丝网印刷又称"丝漏印刷"或"丝印"，是指在刮板挤压作用下，油墨从图文部分的网孔中漏到承印物上，而非图文部分的丝网网孔被堵塞，从而完成印刷品的印刷（图5-12）。其印刷品质感丰富、立体感强，且这种印刷方法对于承印物的材料没有太多要求，所以广泛应用于各种包装材料中。另外，丝网印刷还可以进行大面积印刷，印刷产品最大幅度可达3m×4m，甚至更大。

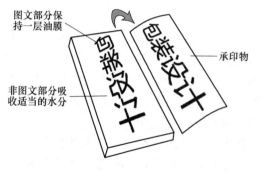

图5-11　平版印刷原理示意图

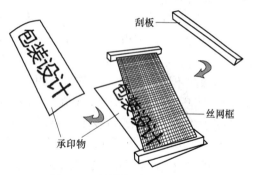

图5-12　丝网印刷原理示意图

5）数码印刷。数码印刷是将计算机和印刷机连接在一起，不需要单独制版设备，将数码信息文件直接制成印刷成品的过程。数字印刷的优点是：一张起印、无须制版、立等可取、即时纠错、可变印刷、按需印刷，与传统印刷相比非常灵活，适合信息时代的需求，具有广阔的发展空间，如小印量图书、商业印刷（菜谱、展会样本、毕业证等）、票据印刷、防伪印刷等。

6）热转印。热转印是一项新兴的印刷工艺，在很多材料上均可使用，无须制版、晒版，方便快捷、立等可取。只需先将图案打印在薄膜表面，再通过加热转印到产品表面即可，成型后油墨与产品表面融为一体，层次丰富、色彩鲜艳、色差小，适合大批量生产。

（2）印刷工艺。印刷工艺的选择与应用包括制版、印刷、烫压、过胶或特殊印刷工艺、机制粘盒及手工裱糊等。纸品包装印刷工艺有很多，下面为大家介绍几种常用的印刷工艺。

1）烫金。烫金工艺的表现方式是将所需烫金或烫银的图案制成凸型版加热，然后在被印刷物上放置所需颜色的铝箔纸，加压后，使铝箔附着于被印刷物上，如图5-13和图5-14所示。烫金纸有很多种颜色，如金色、银色、镭射金、镭射银、黑色、红色、绿色等。

图 5-13　烫金工艺（一）　　　　　　　　图 5-14　烫金工艺（二）

2）覆膜。覆膜又称"过塑""裱胶""贴膜"，是指用覆膜机在印品的表面覆盖一层透明塑料薄膜的一种产品加工技术，起保护和增加光泽的作用（图 5-15）。经过覆膜的印刷品，表面会更加平滑、光亮、耐污、耐水、耐磨。一般用聚丙烯（PP）或聚酯（PET）等，有亮膜和哑膜之分。

3）凹凸压印。凹凸压印又称压凸纹印刷，使用凹凸模具，在一定的压力作用下，使印刷品基材发生塑性变形，从而对印刷品表面进行艺术加工。压印的各种凸状图文和花纹显示出深浅不同的纹样，具有明显的浮雕感，增强了印刷品的立体感和艺术感染力（图 5-16）。凹凸压印工艺多用于印刷品和纸容器的后加工环节，除了用于包装纸盒外，还广泛应用于瓶签、商标，以及书刊装帧、日历、贺卡等产品的印刷中。

4）UV 印刷工艺。UV 印刷工艺是在承印物上印上一层凹凸不平的半透明油墨，然后经过紫外光（UV）固化，在想要的图案上裹上一层光油（有亮光、哑光、镶嵌晶体、金葱粉等），主要是增加产品亮度与艺术效果，保护产品表面，其优点是硬度高、耐腐蚀摩擦、不易出现划痕等（图 5-17）。

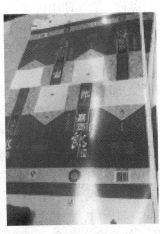

图 5-15　覆膜工艺　　　　　　图 5-16　凹凸压印　　　　　　图 5-17　UV 印刷工艺

第六章　包装设计方案及应用

第一节　主题包装设计

　　主题性包装设计是指针对某一特定的对象、节日、消费群体而设计的一种单独、统一的设计风格，为突出某一理念而专门进行的设计。本节所选主题性包装设计主要根据某一理念、节日、态度及类别做出的包装设计研究主题性包装设计的探究为包装设计添上新的形式，让琳琅满目的商品货架增添了又一亮点。

图 6-1　"咬我吧"（设计师：瓦西里·卡萨布）

图 6-1 所示作品解读：

"咬我吧"品牌以适量的健康生活理念为开发的基础设计师在该项目的设计过程中，对可可粉的百分比进行了仔细的研究，力图在包装上也能够充分地展现出巧克力的精确分量。这一包装方案运用不同的色彩对应不同的百分比（70%、80%和90%）以及小型巧克力礼物进行了鲜明的区分。除此之外，设计师还精心地为这一包装盒设计了购物袋。整个方案运用了100%无墨设计手法和浮雕模切以及激光雕刻等模式，强化了包装的触感体验。

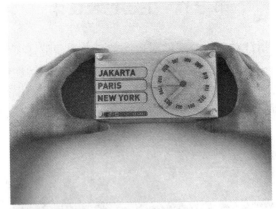

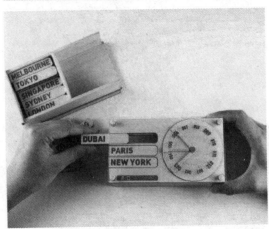

图 6-2 "FLIGHT 001"公司的世界时钟（设计师：阿达姆·穆勒迪）

图 6-2 所示作品解读：

Flight 001 是一家提供旅行者需要产品的公司。随着公司业务的全球化发展，为了适应这种趋势，他们发现了旅行者最重要的一款产品——世界时钟的同时也了解到旅行者备受困扰的是时区不同时要调整手表时间。新发明的时钟，能够根据不同的地区和时区来校准时间，从根本上解决了旅行者的烦恼。产品由轻薄的木材制成，便于携带，并能同时显示不同地区的时间。

图 6-3　"JAMIE OLIVER" 厨房与家居用品（设计师：Pearlfisher 设计公司）

图 6-3 所示作品解读：

这是一个新的品牌创意，为 Jamie Oliver 设计出一个新的生活方式概念，来提升他从厨房到家居的一系列产品形象。

图 6-4 所示作品解读：

一般信息：该品牌围绕人物樵（Kikori）展开，这是一个优质、专业的牛仔裤品牌。在图形化和美妙中存在奇妙的空间。它们代表了 Kikori 子品牌的产品，通过使用子品牌的产品卡和网站导航栏上树冠中的不同元素来进行区分。

包装信息：切割的树木和图形化树木通过包装扩展了主题，并出现在于品牌相关的印刷品和数字媒体上。包装工艺精制，元素取材于各种年龄的松树中。它们完整的、非对称的结构达到了形态各异的个性特点。

网站信息：网站的导入过程是 Kikori 的动画，网站主页完全呈现后，动画才会结束。线性的导航系统允许用户可以在樵树上浏览 Kikori 品牌的各种产品。

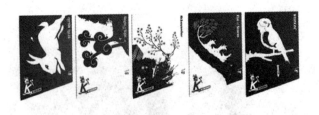

图 6-4 "KIKORI"牛仔裤（设计师：本·考克斯）

图 6-5　Gortz 童鞋包装盒（设计师：Gurtlerbachmann GmbH 设计公司）

图 6-5 所示作品解读：

Gurtlerbachmann GmbH 为百货公司 Gortz 的童鞋部设计了五种不同的纸雕鸟包装，鞋带能够从鸟喙的两个小孔穿过，使其看起来就像一条条五颜六色的小虫。

每一项设计都代表了德国当地的一种鸟，其中包括山雀和乌鸦。这项设计除了能激起孩子强烈的兴趣，同时也鼓励消费者进行收集。该包装亮丽的外形不仅是为了促进童鞋销售，同时也为 Gortz 百货的购物卡作了宣传。

鞋带鸟的设计十分巧妙，也为顾客的购物体验注入了活泼的色彩以及新鲜有趣的创意。我们完全能够预想到大人孩子们会多么喜欢这些可爱的设计。

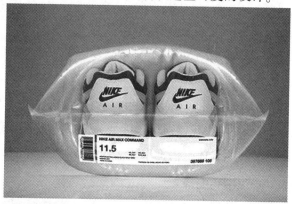

图 6-6　Nike Air（设计师：Scholz & Friends 公司）

图 6-6 所示作品解读：

耐克的 Air 系列无疑是有史以来最受欢迎的运动鞋款式之一。位于柏林的 Scholz & Friends 公司突破了常规的鞋盒设计，为大家热爱的运动鞋款制作了全新的包装。

很显然，设计团队充分考虑了该系列的"Air"概念，将运动鞋置于充满气体的塑料袋中，让人觉得鞋子好像漂浮起来了。除了突出该产品的气垫设计，该包装还大大降低了船运过程中由于碰撞造成产品损坏的可能性。

图 6-7　Nike Air Vapormax 运动鞋

图 6-7 所示作品解读：

为了搭配推出的耐克 Air Vapormax 而特意设计的一种特殊包装，以匹配产品达到意想不到的独创性。盒子有 23 个侧面，开口则来自折纸灵感。外部图形是产品品牌、广告宣传标语和产品灵感镶嵌图形的混合体，内部采用了 Vapormax 鞋底的概念照片，以完整的银色铝箔包裹，并用黑色套印创建图像。

第二节　系列化包装设计

系列化包装设计是指整体系统的视觉化包装设计体系，可以使商品以整齐规划、整体统一的视觉效果出现在商品货架上。整体统一的视觉效果可以大大增强消费者对品牌、企业形象的认可，在广告宣传与展示效果上也有良好的反映。系列化包装设计通过统一的品牌、造型，以不同的颜色、图案、文字设计反复出现，重复视觉效果，呈现出强烈的信息传达力。这样的设计方式，有利于消费者对产品的识别和记忆。本节收录的包装设计作品，通过其自身的方式向读者传递了系列化包装设计所呈现的形式及其所包含的内涵。

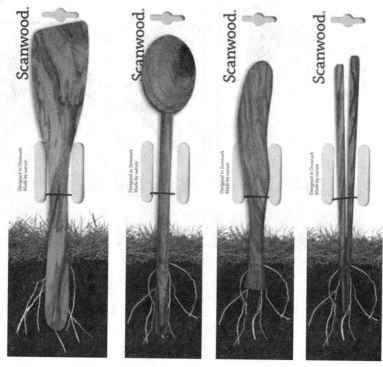

图 6-8 "SCANWOOD" 厨具

图 6-8 所示作品解读：

Scanwood 是丹麦最大的厨房木质用具生产商，其产品出口到欧洲和中东。Scanwood 希望向人们传递其产品的天然特点以及对生态环境无害的加工过程品牌效应通过简单的包装设计而凸显。丹麦的设计源于自然和生活，关注产品本身并告知人们现代消费社会中可持续发展的重要性。这个品牌故事非常视觉化且易于理解，所有消费者都能直观地了解产品。

图6-9 午后の红茶

图6-9所示作品解读：

包装设计要做得好其实和商品企划有很大关系。能快速获得消费者注目的商品，多半都是商品企划吸引人，加上从企划主轴延伸出去的包装设计才能锦上添花，如知名茶饮品牌"午后の红茶"曾与知名摄影师蜷川实花合作的春季限量包装就是个很好的商品。不仅有4款系列创作同时配合颜色推出4种限量口味；甚至有时还与饼干品牌Pocky合作，今年推出第四弹，将两者包装兜在一起会看到充满夏威夷风情的情人亲吻图，甜滋滋的感觉让人不禁想一次带走一组。

图6-10 果汁包装设计（设计师：深泽直人）

　　图 6-10 所示作品解读：

　　深泽直人："水果的皮肤以及果汁也是这个集合的一部分，皮肤里包含了水果的味道和口感。在典型的利乐包装外观里有一个是八角形的、外面覆盖了香蕉的图案，这是我设计的一个香蕉味牛奶的包装盒。由此开始，我还设计了豆浆、桃汁、草莓汁和奇异果果汁的外包装。豆浆包装的表面看上去很像是豆腐的肌理，奇异果果汁和桃汁的包装，表面都有一层水果皮肤上的绒毛；草莓汁的包装则内嵌着小种子。"深泽直人的这款设计，主要是建立在视觉、触觉（八面的棱形让人握起来有真实香蕉的感觉）、意识（人们会自动地为这款设计加上"天然、原味"的标签）、场景（拿着"香蕉"来喝很有趣，而这样的包装放在展架上时也是非常吸引人的）之上的。

　　"以人为中心"，就是视、听、嗅、味、触，以及感觉，设计物与环境的关系，这就是场景，关注人于这种场景下的体验就是场景体验。

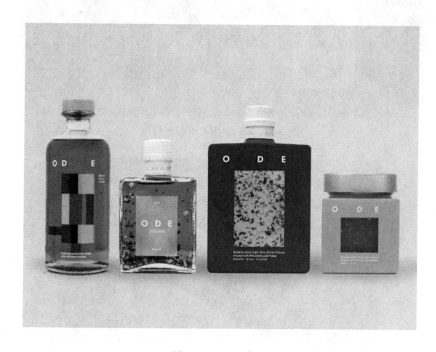

图 6-11　ODE 食品

　　图 6-11 所示作品解读：

　　ODE 是一个全新的希腊食品品牌。在希腊，ODE 这种颂歌最初是用音乐伴奏表演的诗歌作品，在 ODE 系列希腊食品 logo 的设计里，字母间距的不断变化，如同诗歌中的节奏。以诗歌为灵感，每一件 ODE 的包装设计都仿若一次艺术创作。ODE Premium 系列的灵感来源于艺术画作的共同点：画框。所有容器都被涂上了一个"透视"的窗口，不但强调了产品本身也不会掩盖住食物本身，如同在欣赏一件艺术品。

　　图 6-12 所示作品解读：

　　日常产品如灯泡的包装设计通常追求实用性，但是来自白俄罗斯的电子公司 CS 设计的这些精美的盒子使产品本身成为包装设计中一个重要的部分。由 Angelina Pischikova 和插画师 Anna Orlovskaya 绘制插画的这些精彩作品加入了昆虫的细节，不同的灯泡根据本身的形状尺寸与特定的昆虫形象做结合。瘦长的灯泡装入绘有蜻蜓的盒子，螺旋状的节能灯则成为大黄蜂的腹部。

图 6-12 CS LIGHT BULBS 灯泡

图 6-13 Clean Lube 自行车链条润滑油（设计师：雅罗斯拉夫·切尔库诺夫）

图 6-13 所示作品解读：

Clean Lube 是一家受人尊敬的润滑油管理公司，拥有一批国际客户。他们的设计团队一直在研究和开发新的产品，以帮助控制污染的石油 、油脂和散装液体。Clean lube 在润滑管理领域应用了数十年的实践知识，设计、制造和提供最好的产品，以监测和控制污染，保持机器及其润滑油的寿命和生产力。

雅罗斯拉夫·切尔库诺夫为 Clean Lube 创作了这款自行车链条清洁润滑油包装设计，这是一种帮助确保自行车链条保持光滑的润滑剂。该清洁润滑油包装设计的特点是醒目、抢眼，极简的黑白灰配色方案和插图方块的巧妙运用，使这款润滑油包装设计给消费者带来不一样的观感，放在货架上能够在众多同类产品中跳出来，获得消费者的青睐。

图 6-14　清洁润滑油包装（设计师：Airshake logo）

图 6-14 所示作品解读：

为了营造出新颖的感觉，同时为了让面料焕然一新，包装设计师将涂鸦风格的排版与柔和的配色方案结合在一起，创造出意想不到的视觉效果，整套 Airshake 衣物清新喷雾剂日化用品包装设计风格清新明快，个性十足，十分受女性消费者的喜爱。

Airshake logo 以 Airshake 品牌名称字体和柔软的空气为主要元素进行设计，整体感觉像被一团气味包围，体现出 Airshake 品牌清新衣物，用芳香来打动人的特点。

图 6-15　St. George's Mills 面粉

图 6-15 所示作品解读：

面粉品牌 St. George's Mills 经过调研发现，他们最受欢迎的是那些袋子上写着"适合所有用途"的面粉类型，而品牌的受众也大多是擅长"实验烘焙"的非专业型自由派厨房选手。受此启发，设计团队邀请雕塑家 Marhta Foka 使用 St. George's Mills 面粉创作各种形状的面团，置于柔和的单色背景上拍照后作为新包装上的图案。这些面团真实地展现了面粉充满着无数种烘焙的可能，也包含着无数种与朋友家人分享的制造回忆的快乐。

图 6-16 江小白

图 6-16 所示作品解读：

江小白是重庆一家新生代酒企，他以小瓶装的包装设计，加上互动的文案，一夜之间成了网红。

"我把所有人都喝趴下，就为了和你说句悄悄话。"

"最想说的话在眼睛里，草稿箱里，梦里和酒里。"

"我们总是发现以前的自己有点傻。"

"不要到处宣扬你的内心，因为不止你一个人有故事。"

"跟重要的人才谈人生。"

"低质量的社交，不如高质量的独处。"

"手机里的人已坐在对面，你怎么还盯着屏幕看。"

据统计，有人为了收集江小白，跑遍了重庆的每一家店。而最让我们觉得吸引的不仅仅只是他的文案，而是他的包装设计。他推出了一个新的概念：表达瓶。表达瓶就是一种可以用来表达的瓶子。扫描江小白瓶身二维码，输入你想表达的文字，上传你的照片，自动生成一个专属于你的酒瓶。如果你的内容被选中，它就可以作为江小白正式产品，付诸批量生产并在全国同步上市。

一样的瓶型，不一样的表达方式，产品的包装也随着你的照片而变化，这样的包装设计更拉近了消费者与商家的距离，从而使得江小白的营销在市面上能站得住脚。

第三节　饮品包装设计

中国自古就有饮茶的传统，因此，在中国古代就有茶的包装，而且包装形式传统而丰富，多手工制作的包装，现代部分茶包装设计也依旧效仿这种形式。随着各类花茶的出现，茶包装也更加现代化与生活化。同时，随着当下的生活方式的改变，饮料的销量在不断攀升，而饮料的包装在某种程度上引导了消费者的选择。本节介绍了现代饮料包装及茶的包装，包括部分中国古代手工制作的茶的包装形式。从形式到功能方面对茶、饮料的包装进行了系统的介绍。

图 6-17 "查理的"冷饮（设计师：宝拉·巴尼）

图 6-17 所示作品解读：

"查理的"老式冷饮一直是冷饮爱好者的最爱。Brother 设计公司为其开发了全新的标签，以体现"查理的"冷饮实在而优良的市场定位。每个标签都是以手绘文字围绕着产品的标识展开的一件手工艺术品，而"查理的"商标则被放置在一个柠檬里（柠檬是所有冷饮的基本原料）。

图 6-18 牛奶与送奶工（设计师：本·斯蒂文斯）

图 6-18 所示作品解读：

"牛奶与送奶工"品牌反映了在老年送奶工身上体现出的经典品质和亲切，但通过一种现代的方式进行了一种重新解读，改变后的包装更加便于携带。

图 6-19　饮茶日（设计师：桑德·杰克逊·希斯沃乔）

图 6-19 所示作品解读：

大多数茶叶爱好者每天都有饮茶的习惯，那么让茶叶来告诉你日期怎么样呢？"饮茶日"是一个独特的日历设计，每个茶包都被定制成一年中的一天，独立包装在一个木质小盒（外形类似于烟盒）里，这种包装在提醒消费者每天喝一包茶的同时也促进了商品的销量。

图6-20 Teatul 茶图尔（设计师：帕弗拉·丘吉纳、安娜·莫森克）

图6-20所示作品解读：

该品牌专为城市居民设计。喧嚣和高速是城市生活必不可少的一部分。停下来，品茶吧！品尝新鲜的茶能让你在城市中体验自然。该包装以色彩区分茶品种类，使消费者可以简单清晰地选购自己需要的口味。

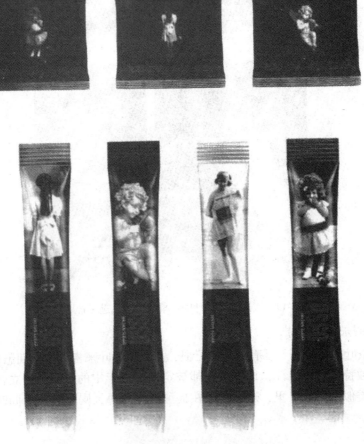

图6-21 图索咖啡——咖啡和巧克力饮品

图 6-21 所示作品解读：

产品的目标受众是高品质咖啡/巧克力饮品的爱好者，所以客户对包装的要求是简洁、独特的优质美学和产品品质。"轻松区分"的独特概念让产品脱颖而出。他们在严肃的黑色包装上添加了一些极富个性、不符常规的照片，以此来突出在统一而单调的环境中的特殊性，橙色和紫色的运用既大胆又美观。

图 6-22　赛特农场（设计师：埃亚勒·鲍默特）

图 6-22 所示作品解读：

塞特农场是一家位于以色列的阿隆哈加利尔地区的有机乳业精品店。该包装简单的灰色文字背景，使得红色的商标文字更加突出。

图 6-23 所示作品解读：

Hellstrm Sommer 是一种由当地挪威草药和海藻蒸馏而成的烧酒。该产品是米其林星级厨师 Eyvind Hellstrm 的一系列挪威烈酒的一部分，其目标是传递现代外观，反映非传统

图 6-23 Hellstrm Sommer 酒包装设计

食材，同时拥抱挪威短暂夏季的神奇感受。翠绿色的玻璃有助于感受魔力和"魔药"。瓶子被用作画布描绘属于仲夏夜的一些传统和仪式，包括用于蒸馏的草药和鲜花。这幅插画是挪威山水与山水的奇幻景观。仔细观察，海藻、花卉、草药、毛毛虫和蝴蝶，重生的象征和大自然的神奇的觉醒。还有一个松散的传统挪威风景画灵感的大型篝火。

图 6-24 Mutti 番茄调味（设计师：Auge Design 工作室）

图 6-24 所示作品解读：

Mutti 是意大利加工西红柿领域的卓越品牌，它们推出了特别版。在 Auge Design 为 Mutti 重新设计的六款特殊包装设计里，每一种番茄产品都被认真对待：有四款锡罐分别装着番茄果肉、樱桃番茄、去皮番茄、Datterini 番茄，还有一个玻璃瓶装的番茄泥和一个管状的浓缩番茄酱。基于原始的设计，Auge Design 通过将经典红色与金色叠加在象牙色的表面上，形成跳跃的对比，整体外观设计让品牌变得更加年轻和高级，金色的字体与 logo 体现出这个历史可追溯到 1899 年的品牌的上佳品质。通过使用复杂的精加工印上金箔字，与表面的象牙色和丝网印刷材料形成鲜明对比，带来了全新的迷人奢华外观。

德国设计师 Johannes Schulz 为 Spine Vodka（脊椎伏特加）设计了图 6-25 所示极具创意的包装。"这是我在毕业于德国汉堡国际交流设计学校后从事的一个私人项目。"他说道，Spine 是一个高品质的产品，这个设计也是如此，它极具简约风格，并且有意识地"扭曲"了其中的信息，并且契合包装设计的产品名也给人留下了难以磨灭的印象。

图 6-25 Spine Vodka（脊椎伏特加）（设计师：Johannes Schulz）

这个设计中的脊椎与瓶身所代表的胸腔相互补充结合，达到了呼应产品概念的效果。独特的 3D 设计使其大大区别于同类产品的 2D 设计。透明玻璃的瓶身表现了一种直率坦诚的态度。

图 6-26 所示作品解读：

以佛教信徒敬仰的玛尼石与转经筒为创意原点，取玛尼石上经文排列之形，将其内容换成"大相"之藏文字体，经修饰后成为核心元素。以赞普之华盖为形式，以青藏的佛教莲花为意境，不脱离品牌特性。

产品包装以玛尼石为原型，通过元素整体覆盖，凸凹制作工艺成形，将雕刻层次感

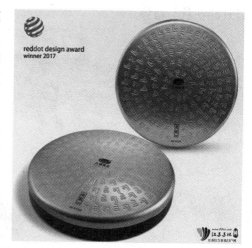

图 6-26 大相藏茶

完整呈现。使得产品风格简约又层次丰富；且诠释了青藏文化与大气的王者风范；既增加了终端陈列的冲击力和美感，又极具用户识别性和认可力。

图 6-27 所示作品解读：

回溯涪陵地域记忆，用极具地域特色和民族文化且带有传统、淳朴、亲切的元素还原纯手工榨菜。

利用涪陵老榨菜的文化原始状态，烧制与土窑坛形状一致的高品质瓷坛，还原其外形，配合其传统工艺，以原木盖密封。坛上色彩搭配靓丽新颖，塑造传统风味在现实中的映射，带回古老记忆。从飘香记忆到盛世三星，将这种传统记忆的魂，从榨菜延伸到涪陵三宝中，无论是独具匠心、翡翠瓷坛的典藏榨菜，或是韵味古典、娟秀雅致的胭脂萝卜，还是青花纹饰、精雅仿瓷的油醪醋，都传承着将传统手工美食演绎在时代背景之下的思路，完成了一次难却效果不俗的衔接。

图 6-27 涪陵辣妹子盛世开坛

第四节 食品包装设计

食品包装设计已不再是要求包装装潢华丽耀眼，在琳琅满目的超市货架上瞬间吸引住消费者的眼球那么简单。随着现代人知识水平的提高，他们更期待的是产品被赋予的某种文化和某种精神。在过去，食品包装设计多重视包装造型的设计、包装装潢的绚丽、食欲和食品卫生的表现。而如今把人类的精神诉求融入食品包装设计中已经是当代的趋势。本节对现代食品包装设计进行介绍，从客观包装形象到主观精神表达层面来阐释现代食品包装设计的现状与趋势。

图 6-28　"BABEES"蜂蜜（设计师：卡米勒·耶尔科夫斯基、马格达莱娜·凯莉克）

图 6-28 所示作品解读：

我们需要做的就是让包装设计变成爱好。概念和最终的设计作品虽然简单，但整个过程并不容易。使用蜜蜂脸代表口味，但整个项目却有点超负荷，于是手提袋也采用了简化的设计，简化到几乎只剩文字了。采用手绘文字来表现品牌标志，为的是柔化简单的、几何化的形式，也与暖色的蜂蜜色形成对比，蓝绿色的手提袋使整个设计看起来更丰富。

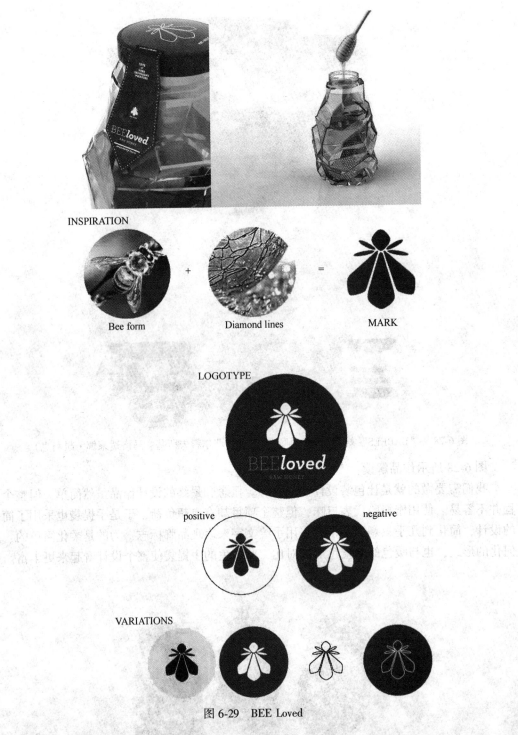

图 6-29 BEE Loved

图 6-29 所示作品解读：

这是一款高档蜂蜜品牌包装设计。由不规则切割面组成的玻璃瓶子让瓶中的蜂蜜闪耀着美丽的光芒，配上优雅的字体设计和标志，很好地传递出品牌的定位和理念。标志设计灵感源自小蜜蜂和钻石的切割线。而字体设计的灵感融合了英式细体字与优雅的弧线字体。颜色以黑色和裸粉色作为主色调，突出了品牌整体的低调奢华感。包装上的标签设计及标签最终呈现的实际整体效果既简约又炫酷。瓶身不规则的切割面组合在一起，充分利用了光线的折射原理，使整个蜂蜜瓶体看起来通透无比，瓶子里的蜂蜜仿佛闪耀着温暖的光芒。

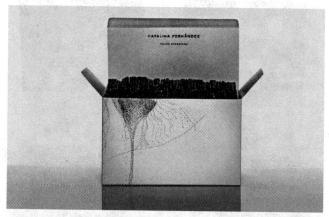

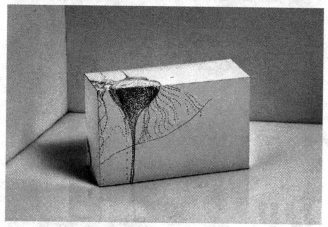

图6-30　卡特琳娜·费尔南德斯甜品店

图 6-30 所示作品解读：

卡特琳娜·费尔南德斯是一家位于墨西哥圣佩德罗市的精品甜品店所提供的包装设计。为了使品牌形象更加统一，食品包装设计及店面设计采用干净简洁的白色使品牌形象更加突出其高端的品质。

图 6-31　Mighty Rice White and Brown 白粽魔力米

图 6-31 所示作品解读：

产品优越的品质，精致的特色和卓越的原产地的体现是客户的要求。折中主义消费者是产品的目标。设计的目标是迎合海外消费者的需求。设计方案由一系列往来于希腊和毛里求斯的电子邮箱和网络电话开始，设计师逐渐吸收了产品的生产和市场定位信息，综合了品味、象征和图形融入了设计框架之中。米作为岛国和谷物的基础，以透明、动感、优雅的黑白双色包装设计清晰地展示在人们面前。

图 6-32 鲁本·阿尔瓦莱斯巧克力

图 6-32 所示作品解读：

该项目是巧克力艺术家鲁本·阿尔瓦莱斯的最新产品的包装设计。该包装采用了可重复利用的包装材质，采用传统封装工艺，突出其天然品质。

图 6-33 盛美家果园精致果酱（设计师：朱莉·韦恩斯基、刘易斯·伊萨吉雷）

图 6-33 所示作品解读：

该产品所提供的顶级果酱制品将竞争对手定位于欧美果酱品牌。包装设计所面临的挑战是懂得欣赏美食的消费者：盛美家的高品质配料能满足他们对美味和简单配方的要求。罐装设计精致简洁，让盛美家果园精致果酱在同类产品中脱颖而出。

图 6-34　太阳蜂蜜农场牌蜂蜜（设计师：安·乔丹、沙尔多尔·基里、让·伯尼、凯特·埃尔比斯利）

图 6-34 所示作品解读：

商品的名称暗示着太阳能，标识选择了充满活力的树叶和蜂巢图案，而标签则呈现为条纹面部图案——这些都彰显了这家蜂蜜制造商对小型家庭农场和可持续生产的关注蜂蜜包装引用了大胆的黑白标签作为蜂蜜蜂群的象征，蜜蜂是唯一一种集体建巢的蜂类，商品的网站利用地形线、本地地图和大胆的摄影图片来呈现太阳蜂蜜农场的蜂蜜生产方式。

图 6-35　丈人坊米花酥

图 6-35 所示作品解读：

正青城山，又名丈人山，青城丈人为青城山的主治神仙。相传青城丈人将谷碎之，于炼丹炉中炒制成米花，以糖成团，纯素手工，供修行者充饥以不误修行。而丈人坊米花酥品牌设计还原青城山（丈人山）特性，其素食修养的饮食文化融到了丈人坊的米花酥品牌，使其成了名副其实的"道家米花酥"。整个包装巧妙地用一个纸袋形成丈人形象，而以绳捆扎于丈人发冠，取之，无束！形似怒发冲冠；束之，成型！仙风道骨。

第五节 化妆品包装设计

美容化妆品如今已不单单是奢侈品，而已成为时尚消费品，成为女性的必备品。随着女性生活要求的提高，美容化妆品包装设计也不只是商品包装设计，而更多的是传达品牌文化及产品精神。当然，某些高档次的化妆品非常注重其外观设计，因为其受众是一些消费水平和生活追求较高的女性，其包装的优劣直接决定了销售业绩。本节以"GREEN & SPRING"和 SCENT STORIES 为例介绍美容化妆品包装设计。

图 6-36 ASARAI

图 6-36 所示作品解读：

在众多产品中，ASARAI 化妆品包装设计大概会一眼就被认出。明亮又不寻常的黄色，品牌标识以粗体字和动态的视觉效果来展现。利用流畅的设计让品牌名称字母碎片化，重新排列，反映了品牌名称及其价值观的动态和自信。

图 6-37 "GREEN & SPRING" 香熏及护肤品（设计师：Pearlfisher 设计公司）

图 6-37 所示作品解读：
这是为零售商设计的一个新的奢侈品系列包装。

图 6-38　"SCENT STORIES" 概念香水包装设计（设计师：卡米勒·耶尔科夫斯基、马格达莱娜·凯莉克）

图 6-38 所示作品解读：

Scent Stories 概念香水包装设计中，把为男士设计香水视为一种挑战，开始时，将焦点放在香水本身。受到暗黑文化和强硬派任务的影响，试图表现男性的阴暗面，命名上也以知名作家为主。设计的香水瓶既与传统香水瓶类似，又与经典的墨水瓶相像。设计了白色的瓶子和黑色的字体，盖子则采用经典作品的人物头像。

图 6-39　高端化妆品

图 6-39 所示作品解读：

产品在包装设计的颜色，使用了黑色和金色，这两种颜色在视觉上给消费者营造了一种高级感。几何式的分割包装赋予了一点科技感，新颖的立体式包装设计代替了普通的平面包装设计，更好地体现了商品意义、价值及地位，从包装上就能看出商家将产品定位在了消费能力较高的人群上。

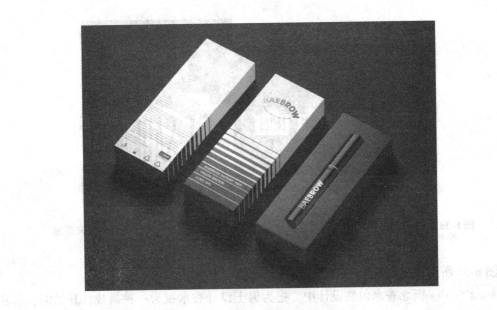

图 6-40 BAEBROW 画眉笔

图 6-40 所示作品解读：

不同于传统的着色产品，BAEBROW 画眉笔是现成的，装有快速和容易使用的装置。这一革命性的全功能于一身的色彩可以帮助你的眉毛看起来更加完美，完整定义没有其他化妆的需要。

Brows are everything（眉毛就是一切）。这是 BAEBROW 画眉笔的品牌理念。品牌设计公司的任务是根据此理念及产品属性策划设计该品牌的视觉识别与画眉笔外盒包装设计。最终宽窄不等的黑色线条构成了整个品牌和包装的视觉元素，搭配接近玫瑰金的颜色，给人感觉非常奢侈和高端。非常符合画眉笔的产品特性。

图 6-41　Hippie 美容护肤品（设计师：Lauren Cooke Design 包装设计公司）

图 6-41 所示作品解读：

对于 Good Hippie 的品牌重塑，客户希望将真正的艺术品整合到其包装中，以提升品牌的气质和调性。设计公司委托艺术家 Satsuki 涩谷创造六个原始的水彩，水彩的灵感要来自实际的产品。包装设计公司希望确保产品感觉像客户家中的微型艺术作品，并展示每个产品中的自然、健康的元素。

公司的理念是允许消费者真正用独特的方式体验自己与护肤产品的融合。首先，包装是环保的，是关心人对自然的影响。此外，艺术品的包装设计的意义增加了很多品牌的深度，鼓励买家品尝片刻，在简单的事情中体验快乐。

第六节　礼品包装设计

礼品包装设计重在"礼"字的体现，人们以"礼"传"情"，其包装既要注重馈赠者的情义，又要注重受赠者的喜好。而节日礼品的针对性很强，设计者既需要对该节日文化有充分的了解和研究，又要明白受赠者的喜好及特征。因此，礼品包装设计对外观设计、包装造型设计、情感诉求的寄托等要求甚高。为了表达自己的心意，更多人会选择手工制作礼品，既精致又能传递情谊。本节就企业礼品、节日礼品、个人馈赠礼品等进行介绍，表现礼品包装设计的基本特征。

图 6-42　"福禄寿喜"赐喜印章杯组（设计师：何文、谢孟吟）

图 6-42 所示作品解读：

包装上运用窗花图案及篆字型作为视觉主轴。福禄寿喜表里意味深长，被寄予了美好的愿望，呈现了丰富的传统文化内涵。视觉设计以四个不同代表"福禄寿喜"的红色窗图案为主，象征喜气。盒内衬垫将茶杯倒置，呈现茶杯最重要的特色——杯底篆刻。利用上下盒盖用红绳从中间串起，将四个盒子套住，外观呈现具有中国风味的灯笼造型，在视觉上达到了一致设计是利用正反两面不同的印刷，使单一盒子可以呈现两种不同的设计图案，同时包装可以再利用，杯子取出使用后，盒身可变成年节新春迎宾的糖果盒，充满喜气，美观大方。

图 6-43　"JAWS LOSER"公仔（设计师：马克·兰德韦尔、斯文·瓦施克）

图 6-43 所示作品解读：

这是失败者形象的"noop"公仔。这套高档的限量套装重现了"noop"公仔的生命循环周期。

图 6-44　H&M gift package（设计师：Linn Gustafson）

图 6-44 所示作品解读：

Linn Gustafson 的这个作品与最近涌现的一些礼盒包装有些类似，但与众不同的是，他使用了更鲜艳的色彩，此外还加入了一个小小的 H&M 标志让整个包装看起来更鲜明更生动。

图 6-45　Wise 日用护肤品

图 6-45 所示作品解读：

Wise 是一个品牌的身体护理产品，产品灵感来自从户外返回时疲倦的身体需要什么。这个项目是对消费主义如何影响环境的回应。项目使用的材料是由 100% 消费后废物制成的纸浆，带 FSC 认证的木制盖子的陶瓷罐。希望通过将诸如洗发水、肥皂和乳液等日常用品放在纸浆等包装内，让公众了解这些日常用品不需要用塑料覆盖。

图 6-46 糖与布拉姆——怪物糖果店（设计师：拉里·马约尔加、尼尔·麦克莱恩）

图 6-46 所示作品解读：

整体形象设计包括巧克力包装、零售包装、店铺标识以及广告设计。设计通过特别设计的字体、斑斓的品牌色彩、混搭图案以及有趣的文本消息反映了品牌广泛的受众。各种元素被混合起来，虽然略显古怪和大胆，但是不失精致和高端。

图 6-47 孚日奥巧克力烘焙组合及节日礼盒（设计师：吉姆·克诺尔）

图6-47所示作品解读：

该设计是为孚日奥巧克力的全新奢侈烘焙组合和限量版节日礼盒所提供的包装设计。烘焙组合有五种组合，每种组合都有一种独特的餐具特色。节日礼盒包含六种独立礼盒设计以及节日浮雕巧克力套装。每个浮雕巧克力的图案都采用了全新的模具。

参 考 文 献

［1］ 祝勇. 故宫的古物之美 ［M］. 北京：人民文学出版社，2018.

［1］ 熊承霞. 包装设计 ［M］. 武汉：武汉理工大学出版社，2018.

［2］ 陈光义. 包装设计 ［M］. 北京：清华大学出版社，2010.

［3］ 陈希. 包装设计 ［M］.2 版. 北京：高等教育出版社，2008.

［4］ 刘燕. 包装装潢设计 ［M］. 北京：国防工业出版社，2014.

［5］ 马未都. 马未都说收藏·杂项篇 ［M］. 北京：中华书局，2009.

［6］ 王炳南. 包装设计 ［M］. 北京：文化发展出版社，2016.

［7］ 王炳南. 包装结构设计 ［M］. 上海：上海交通大学出版社，2011.

［8］ 叶茂中. 广告人手记 ［M］. 北京：北京联合出版公司，2015.

［9］ 易晓湘. 商业包装设计 ［M］. 北京：北京大学出版社，2012.

［10］ 王景爽，张丽丽，李强. 包装设计 ［M］. 武汉：华中科技大学出版社，2018.

［11］ 郑小利. 包装设计理论与实践 ［M］. 北京：北京工业大学出版社，2016.